JN237192

なんで
中学生のときに
ちゃんと
学ばなかったん
だろう…

現代用語の基礎知識・編

おとなの楽習
11

理科のおさらい
生物

自由国民社

装画・ささめやゆき

はじめに

　最近、新聞でもテレビでも生物学に関する話題がたくさん報道されています。実際、日常会話の中にも、DNAやらエコロジーやら、生物学にまつわる用語が頻繁に登場するのを耳にします。あらためて、DNAとは、エコロジーとは、いったい何でしょう？　実態がとらえられていないまま、イメージのみが独り歩きしていることはないでしょうか？

　社会人になってから、学生時代にもっと勉強をしておけばよかった…と振り返ることは、誰にでもあることでしょう。また、当時まじめに勉強に取り組んでいたとしても、内容をすでに忘れてしまっている、ということがあっても不思議ではありません。あるいは、当時はまだ発見されていなかった新事実が、今では生物の教科書に登場していることもあり得ます。中学時代に学んだ生物をおさらいしてみよう、という気軽な気持ちでページをめくっていただければと思います。

　生物学に魅せられて、長年この分野の研究に携わってきた私は、生物学からは遠いところで生活しているみなさん

に、その面白さを伝える難しさを日頃から感じ、たいへんもどかしく思っていました。そこでこのたび、少しでも生物学の魅力を伝えたい、身近に感じていただきたいという思いで筆をとりました。生物学のエッセンスを知ると、日常生活における旬の話題や誰しもが気になる病気の話題も、またひと味違ったものに見えてくるかもしれません。

20世紀は生物学の世紀ともいわれるほど、生物学は目覚ましい発展をとげました。そして現在も、最も急速に進展している分野の1つです。臓器再生、クローン作製など、ひと昔前まではSF映画の中での出来事が現実になろうとしています。生命を扱う分野の研究だからこそ、専門家のみに任せるのではなく、特に倫理面については社会において議論が必要です。読者のみなさんには、身近で進展目覚ましいこの分野に目を向けていただき、生物学研究の進んでいく道を監視していただきたいという思いもあります。

この本をきっかけにして、生物への興味を持っていただければ幸いです。

著者

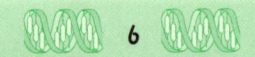

はじめに……5

第1章　生物は細胞からできている

1. 生物の持つ4つの特徴とは？……12
2. 顕微鏡を使ってみよう……14
3. 植物の細胞を観察してみよう……16
4. 動物の細胞に見られる特徴とは？……18
5. 単細胞生物と多細胞生物……20
6. 細胞の一生とは？……22
7. 細胞分裂はどのようにして起こるの？……24

〔コラム〕細胞は自ら死を選ぶことがある?!……26

第2章　生物は代謝をする〜動物〜

1. 代謝とは体内で起こる化学反応……28
2. 動物はなぜ呼吸をするの？……30
3. 動物はなぜものを食べるの？……32
4. 食物を分解する消化器官の働き……34
5. 酵素は体内の化学反応を手助けする……36
6. 消化酵素が消化の主役……38
7. 栄養分はどのように吸収されるの？……40
8. ガス交換を行う呼吸器官の働き……42
9. 体中に張り巡らされた循環器官の働き……44
10. ヒトの血液はどのように流れているの？……46

11. 血液の成分とその役割とは？……48
12. 体内のゴミを取り除く排出器官の働き……50
〔コラム〕心臓の拍動のメカニズム……52

第3章　生物は代謝をする～植物～

1. 植物はなぜものを食べないの？……54
2. 植物の呼吸と光合成は逆の関係？……56
3. 葉は植物の呼吸器官……58
4. 植物にはなぜ水が必要なの？……60
5. 植物の体内での水の移動……62
6. 植物の循環器官である道管と師管……64
7. 栄養分はどこに貯められるの？……66
〔コラム〕有機物の定義はむずかしい？……68

第4章　生物は刺激に反応する

1. 刺激に反応するしくみとは？……70
2. 刺激を受け取る感覚器の働き……72
3. 情報の連絡に活躍する神経系……74
4. 神経細胞同士の伝言ゲーム……76
5. 中枢は体のコントロールセンター……78
6. 反射は神経伝達の近道……80
7. 体を支える骨格の働き……82
8. 運動の原動力である筋肉の働き……84
9. 体調を整える自律神経とホルモンの働き……86
10. 侵入者に対する反応とは？……88
〔コラム〕植物はほんとうに動かないの？……90

第5章　生物は生殖する

1. 生殖とは遺伝情報の受け渡し……92
2. 動物の発生と細胞の分化……94
3. 受粉が植物の発生の出発点……96
4. 受精によって染色体の数はどうなるの？……98
5. メンデルが発見した遺伝の法則とは？……100
6. 生命の設計図DNAの構造とは？……102
7. 遺伝子とは？ゲノムとはいったいなに？……104
8. トンビがタカを産む？……106
〔コラム〕血液型はどのように決まるの？……108

第6章　生物を分類する

1. 生物を分類してみよう……110
2. 突然変異は進化の原動力……112
3. キリンの首はなぜ長い？……114
4. 植物はどう進化したの？……116
5. 花が咲く植物を分類してみよう……118
6. 花が咲かない植物を分類してみよう……120
7. 動物はどう進化したの？……122
8. セキツイ動物を分類してみよう……124
9. 無セキツイ動物を分類してみよう……126
10. 動物でも植物でもない菌類とは？……128
11. 細菌は菌類ではない?!……130
〔コラム〕地球の誕生から現在までを1年にたとえると……132

第7章　生物はつながっている

1. 地球は最大の生態系……134
2. 生産者としての植物と消費者としての動物……136
3. 分解者としての菌類・細菌類……138
4. 生態ピラミッドはなぜ崩れないの？……140
5. 炭素と酸素はどのように循環するの？……142
6. 窒素はどのように循環するの？……144
7. 環境ホルモンっていったいなに？……146
8. 生態系のバランスを破壊する原因とは？……148
9. 地球はこんなにも熱くなっている！……150
〔コラム〕絶滅が危惧される野生動物たち……152

第8章　生物を操作する

1. 遺伝子操作で新種の生物は作れるの？……154
2. 遺伝子組換え作物は本当に安全なの？……156
3. クローン動物はどのように作られるの？……158
4. 再生医療の道を拓く万能細胞……160
5. 遺伝子治療でガンやエイズは治せるの？……162
6. 遺伝子診断で病気は予防できるの？……164
〔コラム〕DNA鑑定の精度はどのくらい？……166

おわりに……167

イラスト＊コツカクミコ＊

第1章

生物は細胞からできている

1. 生物の持つ4つの特徴とは？

　この地球上には100万種以上の生物が存在し、私たちは生物に囲まれて生活しています。もちろん私たちヒトも生物です。かつてヒトは、生物の中で、特別な生き物だと考えられていました。ところが生物学の研究が進むにつれて、ヒトは他の生物と基本的にはなんらかわらない存在であることがどんどん明らかになっています。ここで、あらためて、生物とはいったい何でしょうか？　何を隠そう、生物と無生物の境界を定義するのは、なかなか困難です。次のような特徴をすべて持ち合わせている物が生物といえるでしょう。

・**生物は代謝をする**

　生きていくために必要な物質をとりこんで、これを分解したり合成したりすることを、代謝と呼びます。すべての生物は代謝を行い、逆に死んだ生物では代謝は止まります。

・**生物は刺激に対して反応する。**

　生命を維持するためには、外界の変化に対して、適切な反応をしていくことが必要です。

・**生物は生殖する。**

　生殖とは、自分の子孫を作ることです。すべての生物は種の保存のために生殖を行います。

　ここで、もう１つ、忘れてはいけないのは、**生物は細胞から**

できているという特徴です。細胞そのものが生きていくために、細胞も、代謝をし、刺激に対して反応し、そして細胞自身も分裂によって増えていきます。生物が生きているということは、生物を作り上げている細胞1つ1つが、それぞれ生きているということに他ならないのです。生物とは、まさに、生きた細胞の集合体なのです。

　ここで、インフルエンザをはじめ、エイズやはしかなど病気の原因となるウイルスは、やっかいな存在です。ウイルスはもちろん生き物であると考える方が多いと思いますが、実はウイルスは細胞からできているのではないのです。その上、代謝もしないし、刺激に対しての反応もできません。そう考えると、ウイルスは生物のカテゴリーに入れることができません。ところが、ウイルスは、自分自身の細胞を持ち合わせていないのにもかかわらず、複製（増殖）だけはすることができるのです。現在、世界で新型インフルエンザウイルスの大流行の兆しがみられ、その感染拡大が懸念されています。感染とは、ウイルスが自分以外の生物の細胞を借りて増殖を繰り返すことです。このように、ウイルスは、生物と無生物の中間的な存在といえるでしょう。

2. 顕微鏡を使ってみよう

　生物の体は、いろいろな種類の細胞が集まってできています。私たちヒトは、約200種類60兆個の細胞からなりたっています。実は、血液中に含まれる赤血球も特殊な形をした細胞の一種です。ヒト赤血球は、直径約7マイクロの大きさ（1マイクロメートルとは、1mmの1000分の1）なので、赤血球を野球のボールの大きさにまで拡大すると、身長170cmのヒトは、世界最高峰エベレストの約2倍にまで拡大されることになります。そんなに小さい細胞は、通常肉眼では捉えることはできないので、顕微鏡を使って観察することになります。ここで、顕微鏡の使い方について、図にある顕微鏡の各部の名称を見ながら、簡単におさらいしておきましょう。

　実際の長さが何倍に拡大されて見えているかを表しているのが倍率です。接眼レンズと対物レンズの倍率をかけたものが、顕微鏡の倍率にあたります。対物レンズ10倍、接眼レンズ10倍を使っていれば、倍率は100倍で、長さが100倍、面積では10000倍で観察していることになります。

　顕微鏡での観察は低倍率からはじめるのが基本です。低倍率での観察は、視野が広く全体像を捉えることができるからです。このとき、反射鏡としぼりを使って全体が明るくみえるようにします。対物レンズと、ステージに載せた観察したいもの

の距離を調節して焦点を合わせます。このとき、接眼レンズを覗きながら、焦点を合わせることにばかり集中してはいけません。気づかぬうちに、レンズと観察したいものとが接触していて、観察したいものが壊れたり、大切なレンズに傷がつくことがあるからです。それを避けるために、焦点を合わせる際にはまず、ステージと対物レンズができるだけ近づいていることをしっかり確認することが鉄則です。それから、接眼レンズを覗いて、対物レンズを遠ざける方向にのみ、調節ねじを動かして、焦点を合わせましょう。

　全体像がつかめたら、高倍率にして細部を観察していきます。高倍率にすると視野が暗くなるので、明るさの調節が再度必要です。もっと詳しく観察したいと狙ったターゲットを、低倍率の段階でしっかり中央にセットしておくと、高倍率になって見える範囲がせまくなっても、ターゲットが視野からはずれてしまう心配はありません。

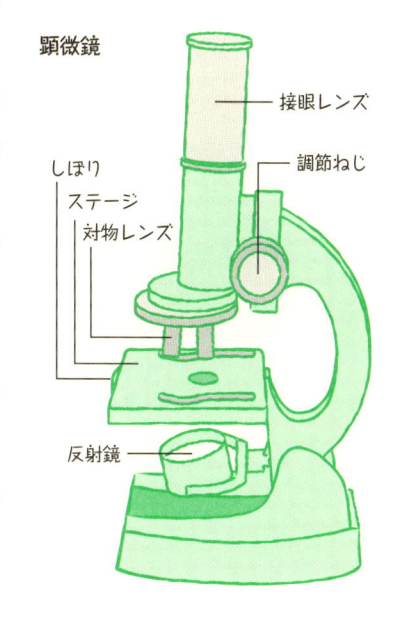

顕微鏡

- 接眼レンズ
- 調節ねじ
- しぼり
- ステージ
- 対物レンズ
- 反射鏡

3. 植物の細胞を観察してみよう

英語で細胞を表すcellには、小さな部屋という意味があります。実際に、タマネギの薄皮を染色液（酢酸カーミンなど）で染めて顕微鏡で観察すると、図のように、1つ1つに区切られた部屋のようなものが見えてきます。この1つ1つが細胞です。1つ1つの細胞をはっきりと区別して観察することができるのは、植物細胞が**細胞壁**と呼ばれるしっかりとした壁で囲まれているからです。その中に見える粒が核と呼ばれるもので、生命をつかさどる設計図＝DNA（デオキシリボ核酸）が大切にしまわれている場所です。倍率100倍の観察では、細胞内に核以外見あたりません。核以外の場所をまとめて**細胞質**と呼んでいます。

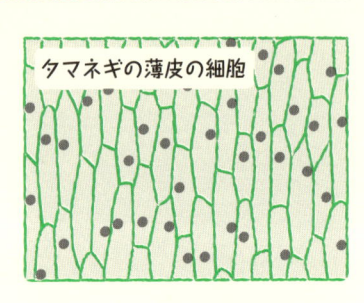

次に水草の一種である、オオカナダモの細胞を観察してみましょう。オオカナダモは細胞が比較的大きいため、植物細胞の観察に使われる材料の代表格で、教科書によく登場します。顕微鏡では染色液を使わないと核は見えにくいのですが、代わりに緑色の粒々を観察することができます。これは**葉緑体**で、植物はここで、太陽の光を使って、ブドウ糖などの有機物を作っ

ています。植物の葉の緑色の正体は、この葉緑体なのです。光があたらないタマネギの薄皮には葉緑体はありません。

レンズをしばらくじっと覗いていると、緑の粒々＝葉緑体が、細胞のへり＝細胞壁にそって動いているのがわかります。あたかも一方通行の車線の流れを見るようです。これは、**細胞質流動（原形質流動）**と呼ばれる現象です。細胞質流動は、細胞1つ1つが確かに活動しているという証拠の1つで、死んでしまった細胞では見られません。

このように細胞は内部の物質を自ら移動させて、物質を作ったり、または分解するという活動を行っています。私たちヒトを含めた生物自体が活動を行うということは、こういった細胞1つ1つの活動がもとになっているのです。

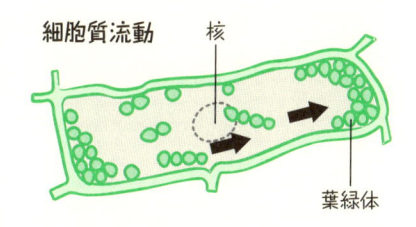

4. 動物の細胞に見られる特徴とは？

　動物の細胞を観察するには、てっとりばやいサンプリングの方法として、口を大きく開けて、自分のほおの内側の粘膜を綿棒で少しかきとるのがよいでしょう。染色液で染めて観察しても、タマネギの薄皮のように、細胞1つ1つがきっちりと区切られた形で観察できません。といっても、綿棒で強くひっかきすぎたから、ほおの内側の粘膜細胞が壊れてしまったわけではありません。タマネギの細胞の1つ1つをはっきりと区別していたのは、**細胞壁**です。対して、動物の細胞には細胞壁がなく、**細胞膜**と呼ばれる膜で外側が覆われているだけなので、細胞の形が捉えにくいのです。

　細胞壁の他に、オオカナダモの細胞の観察で見られた**葉緑体**も植物の細胞でのみ見られ、動物細胞にはありません。植物は、葉緑体で作ったブドウ糖などの有機物を活動のエネルギーとします。葉緑体を持っていない動物は、自分でエネルギー源を調達できないので、食餌をするのです。

　液胞と呼ばれる大きな袋も植物細胞にだけ見られる特徴です。液胞は細胞内で作られた物質を蓄えて置く場所で、若い細胞では液胞は小さく、古い細胞になると液胞が非常に大きくなっていきます。色とりどりの花や鮮やかに紅葉した葉など、美しい色の元となる色素もこの液胞の中に蓄えられているのです。

植物の細胞 **動物の細胞**

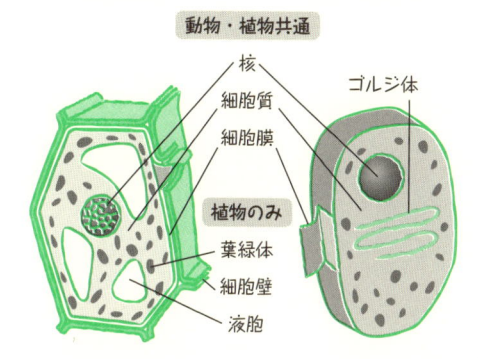

動物・植物共通
- 核
- 細胞質
- 細胞膜

ゴルジ体

植物のみ
- 葉緑体
- 細胞壁
- 液胞

では、反対に動物細胞に見られる特徴は何でしょう。植物細胞に比べて、動物細胞では**ゴルジ体**と呼ばれる扁平な袋状の構造が発達しています。ゴルジ体は、細胞内で作られた物質を細胞内に留めるか、それとも細胞の外に運び出すかを決定します。迅速に物質の移動が行えるかどうかは、ゴルジ体の働きによります。植物に比べ、圧倒的に運動量の多い動物では、1つ1つの細胞においても、迅速な物質の移動が必要なのです。

細胞は社会にたとえることができます。社会が円滑に機能するような絶対的ルール（＝核内のDNA）に従って、工場（＝葉緑体）で生産された製品が、配送センター（＝ゴルジ体）で荷分けされ、倉庫（＝液胞）に蓄えられるといった具合です。実は、細胞質には、発電所、ゴミ焼却炉に相当するものまで存在しています。このように、複雑な細胞社会が作り上げられているのです。

5．単細胞生物と多細胞生物

　生物の体を作り上げている単位は細胞です。ここで、生物がいくつの細胞から成り立っているのか、その数に注目すると、体がただ1つの細胞からできている**単細胞生物**と、たくさんの生物からできている**多細胞生物**の2つに分類できます。

　私たちが目にするほとんどの生物は、多細胞生物です。多細胞生物とは、多くの細胞が集まって、1つの体を作り上げている生物のことです。どの細胞もみな、生きていくのに必要な基本的な活動をしています。たとえば呼吸がそれにあたります。それに加えて、それぞれの細胞が自身の得意分野を持っています。筋肉の細胞は、筋肉として、神経の細胞は神経として、専門的な役割を担った活動をしているのです。その専門性を効率よく発揮するために、同じ専門を担当する細胞同士が集まって、**組織**を作り、まとまった働きをします。いくつかの組織が集まって**器官**となって、さらにまとまった働きを果たし、いくつかの器官が集まって**個体（体）**を作り上げるのです。

　たとえば、胃の一番内側には、粘膜を作る上皮細胞が層を

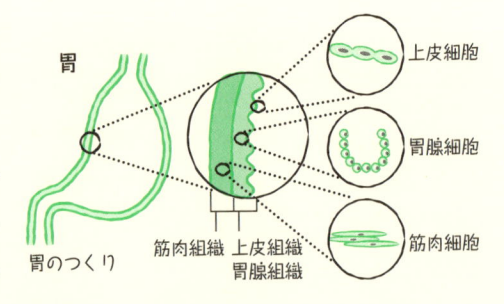

なして上皮組織となっています。そのところどころに、胃腺細胞が集まって胃腺組織を作り、胃液の分泌を担当しています。その外側には、筋肉細胞が層となって筋肉組織として、胃を動かします。胃腺組織、筋肉組織などが集まって、胃という器官として働きます。さらに、個体とは、胃や腸、肺、脳などの器官の集合なのです。

　単細胞生物には、水中にくらす極微小な動物、ゾウリムシやアメーバ、極微少な植物、ミカヅキモ、クロレラなどがいます。また、セキリ菌、コレラ菌といった細菌の仲間も単細胞生物です（生物の分類については6章で詳しく述べます）。単細胞生物は、たった1つの細胞で、食餌から運動に至るすべての働きを営まなければなりません。そのために、単細胞生物には、食物を取り入れる細胞口や、運動に必要な繊毛や鞭毛など、多細胞生物の細胞には見られない、細胞器官と呼ばれるものが見られます。つまり、細胞自体を見てみると、単細胞生物の細胞のほうが、多細胞生物の細胞より、かえって複雑な構造をしているとの見方もできます。単純な人をさして、「単細胞だな～」などとからかう場面に遭遇することがありますが、どうしてどうして、たった1つの細胞でがんばっている単細胞生物はたいしたものなのです。

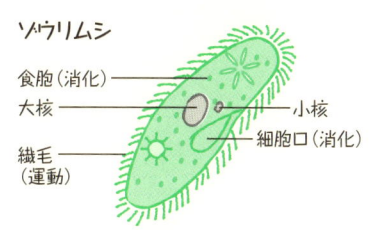

ゾウリムシ
食胞（消化）
大核
小核
細胞口（消化）
繊毛（運動）

6. 細胞の一生とは？

　生まれたばかりの赤ちゃんは、体重約3kg、身長約50cmほどです。それが1歳の誕生日を迎える頃には、体重にして3倍近く、身長も1.5倍に達しています。植物にしても、「芽が出て、ふくらんで、花がさいたら……」と童謡にあるように、その成長ぶりは目をみはるものがあります。

　体が成長する、大きくなるためには、1つの細胞が2つとなって、まずは細胞の数を増やします。これを**細胞分裂**といいます。分裂直後の細胞はもとの大きさの2分の1になっているわけですから、分裂後、もとの大きさになるまで、1つ1つの細胞が大きくならなければ、体の成長につながりません。この繰り返しによって、生物の体は大きくなります。

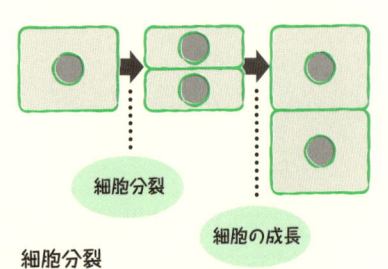

細胞分裂
細胞の成長
細胞分裂

　植物の場合、根の先端や茎の先端にある成長点と呼ばれる部分で、盛んに細胞分裂が行われます。成長点付近の細胞はまだ小さく、成長点から離れるほど細胞は大きくなり

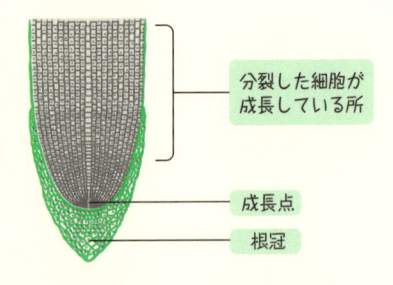

分裂した細胞が成長している所
成長点
根冠

ます。つまり、成長点で分裂して増えた細胞が大きくなることで、根や茎が伸びていくのです。

では、生まれた細胞はいつまでも生き続けることができるのでしょうか？　お風呂で体を洗うと垢が出ますし、頭を洗わないとふけが出ます。それらはどれも死んだ細胞です。細胞にも寿命があるのです。ヒトの場合、赤血球は120日、皮膚の細胞は28日、角膜の表面の細胞は7日、小腸の表面で栄養を取り入れている細胞は、なんと1日半で死んでしまいます。

このようにして死んでいく細胞はヒトの体全体では1秒間に5000万個ともいわれています。このスピードで細胞が死んでいったら、ヒトの体の細胞は60兆個あったとしても、約2週間で消えてなくなってしまうことになります。そういうことがないように、細胞分裂によって細胞が新たに生み出され、補充されているのです。つまり私たちの体は常にリニューアルされているといえるでしょう。

ただし例外として、脳の神経細胞が挙げられます。神経細胞の寿命は100年以上といわれていますが、もちろん、すべての神経細胞が100年以上生きられるわけではありません。脳の神経細胞は細胞分裂をほとんど行わないため、失われた分を補うことが不可能なのです。これが、記憶量の減退など脳の老化につながる一因とされています。

7. 細胞分裂はどのようにして起こるの？

　マジシャンが手の上で転がしていたボールが、一瞬で2つになり、さらに4つになっていくマジックをご覧になったことがありますか？　細胞も、**細胞分裂**によって、1つの細胞が2つ、2つの細胞が4つといった具合に増えていきます。ここで、細胞分裂のたねあかしをしましょう。

　細胞分裂はマジックのように一瞬で起こることはありません。分裂は、前期、中期、後期、終期にわけることができます。また分裂していない時期を、間期といいます。分裂を行うための準備として、間期にマジックのたねがしこまれています。細胞の運命をにぎっているのは、核内に大切にしまわれたDNAです。分裂した後に新たに生まれた細胞が、正確に元の細胞のコピーであるために、準備期間にあらかじめDNAの正確な複製を行い分裂に備える必要があります。DNAの複製こそが、マジックのたねなのです。

　前期に入ると、DNAをしまっていた核の膜が消えて、DNAはひも状になって姿を現します。姿を隠していたDNAは、分裂がはじまると染色液によく染まり、姿を捉えやすくなるので染色体と呼ばれています。中期に入ると、染色体は細胞の中央に整列して、あらかじめ2倍に増えておいたDNAを等分できるように染色体に裂け目が入ります。後期では、二等分された

染色体が細胞の両端にひかれるように移動します。そして終期で、移動した染色体は、しだいに見えなくなって、新しい2つの核ができます。仕上げとして、植物細胞では、細胞の真ん中に細胞壁ができ、動物細胞では、くびれる形で細胞が2つに別れます。これで終期の終了です。

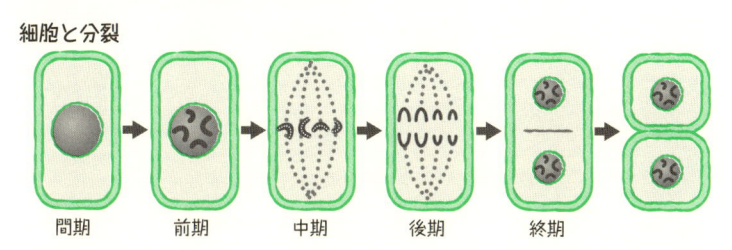

細胞と分裂

間期　前期　中期　後期　終期

この時点で、新しい2つの細胞はもとの細胞と同じ染色体、つまりDNA情報を持っていることになります。あとは元の細胞と同じまで大きくなれば分裂の完成です。

細胞が分裂を続けるか、それとも分裂を停止するかは、生物の成長にかかわる重大な問題です。DNAの複製を始めるかどうかを決める、複製が終了するまでは分裂前期を始めない、染色体の整列が完了するまで分裂後期を始めないなど、細胞には細胞の周期を制御するとても巧妙なしくみがあります。この制御が失われ、無秩序な細胞分裂が起こり、生物が望まない形での細胞増殖が進んでしまうのが、いわゆるガンです。ガンとはいわば、マジシャンの手の中でボールが無限に増えてしまってどうにも扱えず、手から溢れ出した状態といえるでしょう。

コラム

細胞は自ら死を選ぶことがある?!

　細胞は、細胞分裂によって、増殖するばかりではありません。ときに、自ら死を選ぶことがあります。細胞が自ら死んでいく現象を「アポトーシス」といいます。アポトーシスとは、ギリシャ語で、枯葉などが木から落ちるという意味です。

　たとえば、ヒトの指は、1本ずつ生えてきて、5本の指が出来るわけではありません。丸く大まかに手の形ができた後に、指と指の間にある細胞が自ら死んでなくなることによって、5本に別れるのです。このように細やかな形をつくるためには、細胞自らの死が不可欠なのです。

　細胞分裂が精密な制御のもとで行われているように、細胞の自殺であるアポトーシスも、あらかじめ決まった時期、決まった場所で起こる、いわばプログラムされた細胞死です。細胞の自殺は、決して衝動的などではなく、いわば「決意の自決」と言えるかもしれません。

　細胞の死は、自殺ばかりではありません。たとえば、やけどなどにより、細胞が激しく傷ついたときに起きる細胞死は、アポトーシスに対して、ネクローシスといいます。自殺に対して、いわば事故死や病死にあたるものです。アポトーシスが積極的な死であるのに対して、ネクローシスは受け身の死といえるでしょう。

第2章

…… 生物は代謝をする〜動物〜

1. 代謝とは体内で起こる化学反応

　近年、「メタボ」という言葉が、急速に社会に浸透しつつあります。メタボとは、メタボリックシンドローム（代謝症候群）を略したもので、内臓脂肪型肥満に高血圧、高血糖、高脂質症のうち2つ以上を合併した状態をさします。厚生労働省の国民健康・栄養調査によると、すでに平成16年度の段階で、中年男性では2分1の発生率が見込まれており、なんと約2000万人がメタボリックシンドローム予備軍に該当するとのことです。このメタボリックの元になる言葉が「**代謝＝メタボリズム**」です。

　生物の体は細胞から成り立っていることはすでにお話したとおりです。その1つ1つの細胞は、生きていくために、必要な物質を取り入れ、不必要な物質を捨てるという、物質のやりとり（物質交換）を行っています。その際、必要なものが、常に必要な形で細胞のまわりに揃っているわけではありません。必要に応じて、必要な形に変える作業、すなわち合成や分解が行われます。代謝とは、体内で起こっている化学反応のことを指します。

　ここで化学反応とは何かを思い出してみましょう。合成とは2種類以上の物質が結合して、別の物質ができること、また、分解とは、1つの物質が、2つ以上の物質に分かれ、別の物質

になることです。化学反応の前後で別の物質に生まれ変われるのは、物質を構成している分子や原子の結びつき方が変わることに由来します。体内で起こる化学反応は、単純な物質（小さな分子）を複雑な物質に作り変える同化（合成の方向）と、複雑物質を単純な物質に分ける異化（分解の方向）に分けられます。

　化学反応には熱の出入りがつきもので、化学反応による物質の変化に伴って、熱の発生あるいは吸収が起こります。熱とはつまりエネルギーであると捉えて下さい。代謝によって、生み出される物質ばかりでなく、代謝に伴うこのエネルギーの出入りが生命活動を支えるために重要な役割を果たします。

　細胞は生きるために絶えず化学反応を起こしているのです。生物の活動は、すべて、細胞内で起こる化学変化の積み重ねと捉えてください。メタボと聞くと、おなかがぽっこりでた肥満体型を連想します。肥満とは体内に脂肪をため込みすぎている状態、つまり、体内で起こる化学反応の調節がうまくいかなかった結果なのです。

2. 動物はなぜ呼吸をするの？

「大きく息を吸って、吐いて」と、激しい運動の後には深呼吸をします。呼吸とは、息を吸って吐くこと、もう少し詳しくいえば、酸素を吸って、二酸化炭素を吐き出すことというのが、日常生活での呼吸の理解でしょう。

生物はなぜ、酸素を吸うのでしょう？ 生物の体を作り上げている細胞が、ブドウ糖などの有機物を分解するときに、酸素が使われるからです。有機物が酸素によって分解された結果、水と二酸化炭素が生じます。それと同時に、この分解に伴い熱が発生し、つまり、エネルギーが生まれるのです。これこそが、私たち生物が生きていくためのエネルギーとなります。

携帯電話やデジタルカメラは、充電器につなげば、エネルギーが充電されて使用可能となります。生物には、充電器がない代わりに、細胞1つ1つが、絶えず生きるためのエネルギーを生み出す必要があるのです。

呼吸による物質の変化

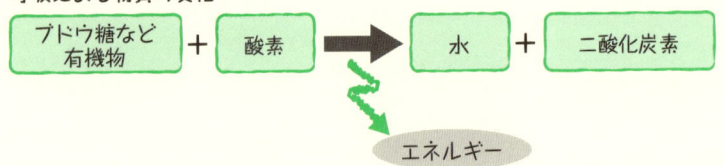

ブドウ糖など有機物 ＋ 酸素 → 水 ＋ 二酸化炭素
↓
エネルギー

呼吸とは、「栄養分を分解してエネルギーを得る」ことです。日常生活でよく耳にする、発酵も呼吸の一種です。たとえば、ヨーグルトなど発酵食品は乳酸菌の乳酸発酵によって作られます。乳酸発酵で、乳酸菌が栄養分（ブドウ糖）を分解して、エネルギーを得た結果、分解物として生じるのが乳酸です。酵母菌の行うアルコール発酵で、分解物として生じるのが、アルコールです。乳酸菌も酵母菌も生きていくためのエネルギーを取り出そうと、一生懸命栄養分を分解し、最終的にその分解物として生じた乳酸やアルコールを私たちがおいしく頂戴しているというわけです。

　あらゆる生物は生きている限り、呼吸を行っています。エネルギーを生み出すという意味で、呼吸は、生命を支えるさまざまな代謝の中でも、根幹といえます。細胞が円滑に呼吸を行えるのは、消化器官、呼吸器官、循環器官、排出器官など体の各器官の全面的な協力があってこそなのです。逆に、これらの器官が円滑に働けるのは、細胞の呼吸によって生み出されたエネルギーによるのです。

3. 動物はなぜものを食べるの？

　ここのところ、健康志向の高まりには目を見張るものがあり、レストランのメニューに、細かい栄養組成が示されているのを目にしたりします。

　三大栄養素という言葉を耳にしたことがあるでしょう。三大栄養素とは、**炭水化物・脂肪・タンパク質**のことで、これらは、細胞が呼吸によってエネルギーを作り出すときの材料となる、いわば生命のエネルギー源です。

　生物学の世界では**有機物**という言葉をよく使います。有機物とは、一酸化炭素、二酸化炭素を除いた、炭素を含む化合物の総称で、炭水化物・脂肪・タンパク質はすべて、有機物に含まれます。これらの有機物がなければ、細胞は呼吸を行うことができず、エネルギーのできない状態、いわば「電池切れ」の状態に陥ります。肉を食べても草を食べても、炭水化物・脂肪・タンパク質を取り入れることができるので、肉食動物も草食動物も同じように、活動できるのです。

　エネルギーを作り出す材料となる栄養が大事なのはもちろんですが、材料ばかりでなく、エネルギーを作り出す装置側（＝細胞）を作る材料も重要なことは言うまでもありません。生物の体は細胞からできあがっているので、細胞を作ることは、すなわち体を作ることなのです。三大栄養素は、細胞（体）を作

る成分としても重要で、特に、筋肉、内臓器官の材料となるのは**タンパク質**です。そのほか、骨格や歯などの成分は、カルシウムやリンなどの**無機塩類**と呼ばれる物質です。

　エネルギー源（栄養分）と、エネルギーを作り出す装置（細胞）が揃えば、生きていくのに十分かというとそうでもありません。生物の活動や成長が、すべて、細胞内で起こる化学反応（＝代謝）に基づいていて、これらの化学反応が、常に一定の条件のもと円滑に行われなければ、生物の活動や成長は保証されません。細胞内で起こっている化学反応の調整役にあたるのが、**ビタミン類**や**無機塩類**です。

　ドラッグストアの棚には、さまざまな栄養剤が陳列されています。ビタミンCや鉄（無機塩類）などをサプリメントとして、服用している人もいるでしょう。細胞内での化学反応を調整することが、つまりは体の働きを調整することにつながります。

　動物は、もちろん、食物という形で、エネルギー源となる有機物を得ています。それに対して、代謝（化学反応）によって、有機物さえも作り出してしまうのが植物です。植物は太陽のエネルギーを使って、自らのエネルギー源を作る光合成を行います。この光合成については、3章で詳しくお話します。

4. 食物を分解する消化器官の働き

　食物として取り入れた炭水化物・脂肪・タンパク質は、どれも大きい粒（分子）です。炭水化物は、主にブドウ糖などの糖が、またタンパク質も、アミノ酸という小さい分子がまるでネックレスのように次々とつながってできています。また脂肪は脂肪酸とグリセリンという物質が結びついた比較的大きいサイズの分子です。

　これらの大きいサイズの分子を、エネルギー源として、細胞内に取り入れようとする際、その大きさが邪魔をして不都合が生じます。たとえば、細い道を行こうとするとき、大きく梱包された荷物を抱えていたのでは通り抜けられなければ、荷ほどきをしてから通るしかないでしょう。大きいサイズの分子の細胞内への通り抜けを楽にできるように、粒（分子）のサイズを小さくする必要があるのです。この大きな粒から、小さな粒に分解するはたらきが**消化**と呼ばれています。つまり、消化は、複雑な物質から単純な物質への分解＝異化にあたり、異化の中

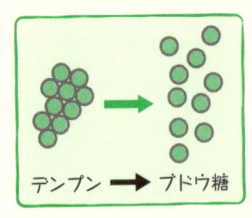

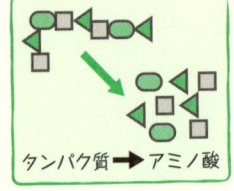

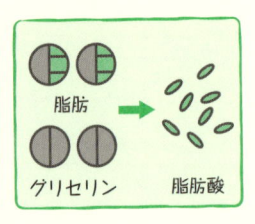

デンプン ➡ ブドウ糖　　タンパク質 ➡ アミノ酸　　グリセリン　脂肪酸

でも特別に、エネルギーの出入りを伴わない分解が消化です。

消化は、**消化器官**と呼ばれる部位で行われます。ヒトの消化器官は、口から肛門にいたる食物の通り道＝**消化管**と消化を手助けする消化液を分泌する腺＝**消化腺**からなっていて、その長さは身長の5倍もあります。

ヒトの消化器官

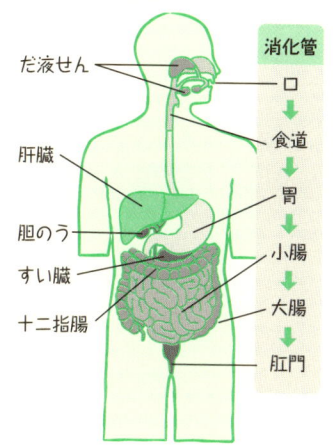

消化管：口 → 食道 → 胃 → 小腸 → 大腸 → 肛門

（だ液せん、肝臓、胆のう、すい臓、十二指腸）

口の中で食物を噛んで細かくしたり、胃や腸の筋肉による運動によって消化液とよく混ぜ合わせるなど、機械的に細かくする作業に加えて、消化酵素の力で、化学的にも細かくします。消化管の壁を通りぬけられるサイズになって初めて、体内に吸収できるのです。消化管が消化の舞台だとすれば、消化の主役は消化液に含まれる消化酵素といえるかもしれません。

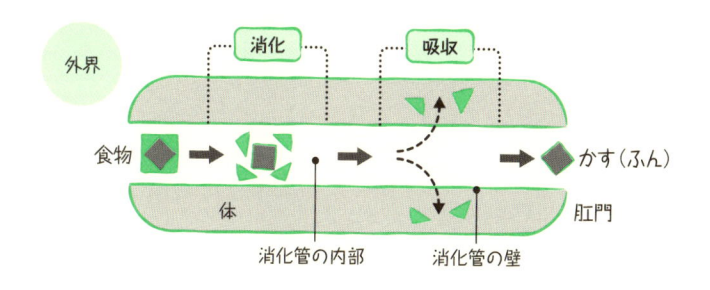

外界／消化／吸収／食物 → → → かす（ふん）／体／消化管の内部／消化管の壁／肛門

5. 酵素は体内の化学反応を手助けする

　テレビコマーシャルで　酵素入り洗剤や酵素入りハミガキなど、酵素パワーといううたい文句をよく耳にします。いったい酵素とは何ものでしょうか？

　たとえば、食事として取り入れられたデンプン（炭水化物）は、生物の体内では、消化によって、速やかにブドウ糖へとバラバラに分解されます。このデンプンの分解を試験管内で行おうとすると、強烈な酸を加えて、100℃に煮沸したとしても何時間もかかります。このような頑固な分解が体内でいとも簡単に行えるのは、ひとえに酵素の活躍のおかげなのです。

　生物の体内では、消化をはじめとして、無数の化学反応（合成や分解）が起こっています。その1つ1つの反応のスムーズな進行を仲立ちするのが、**酵素**の役目です。酵素の活躍なしには、生命活動は成り立ちません。

　酵素を家庭教師にたとえるとその特徴をうまく説明することができます。酵素が合成や分解を促進し、別の物質を生み出すように、家庭教師が、生徒の効率よい学習を手助けすれば、まるで以前とは別人のように成績があがるかもしれません。
家庭教師は、専門科目が決まっていて、生物の先生なら、生物しか担当してくれません。ついでに英語も…といっても無理な話です。それと同じく、酵素も、酵素が手助けできる相手がき

っちり決まっていて、それはよくカギと鍵穴の関係にたとえられます。カギがカギ穴にぴったり合うときにだけ、反応の手助けをするのです。

家庭教師が勉強を教えてくれる曜日、時間、場所が決まっているように、酵素も、その力を最大限に発揮できる条件はかなり厳格に決まっています。温度や酸性度（酸性かアルカリ性か）など至適な条件があって、その意味では、気むずかしい存在といえるかもしれません。

分解や合成といった化学反応の前後では、反応する物質自身が別の物に生まれ変わるのに対して、酵素は、この変身を手助けこそしますが、酵素自身が別の物質に変化することはありません。何度でも繰り返し働くことができるため、微量でも大量の反応を促進することができます。家庭教師が、生物を教えてもらいたい生徒がいれば、何人でも担当することができ、たくさんの生徒の成績アップに貢献できるのと同じことです。

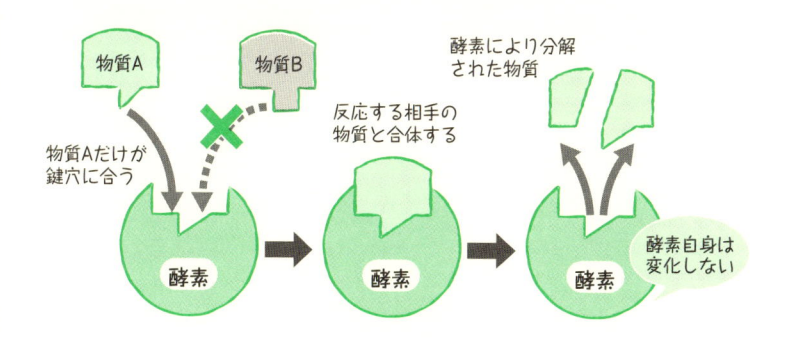

6. 消化酵素が消化の主役

　テレビ番組で、グルメレポーターが「このごはんは甘みがありますね」などといっているのを耳にしたことがありませんか？　ごはんを長い間、噛んでいると、たしかに甘みを感じた経験があるでしょう。これは、だ液に含まれるアミラーゼという消化酵素の働きによって、甘みがなかったデンプン（炭水化物）が甘みを持つ麦芽糖へと分解されたためです。

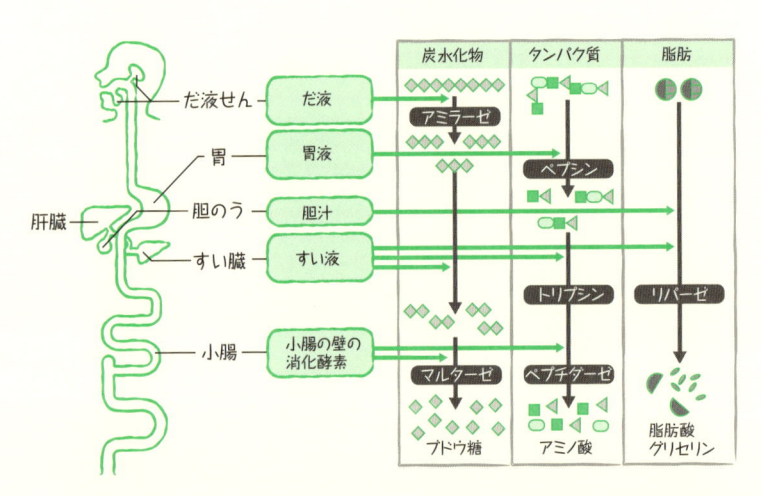

　食物が口にされると、消化管の中を旅しながら、順次消化されていきます。たとえば、サンドイッチを食べたとき、そこに含まれている栄養素は、どのように小さいサイズに分解されていくのか、栄養素別にその流れを見てみましょう。

パンに含まれるデンプンが、だ液に含まれるアミラーゼという消化酵素によって、麦芽糖に分解されます。麦芽糖は小腸に達すると、マルターゼによって、さらに分解され最終的にブドウ糖になります。はさんである卵やローストビーフに含まれるタンパク質は、胃液に含まれるペプシンで、まず分解され、すい液中のトリプシン、また小腸のペプチダーゼで、アミノ酸にまで分解されます。バターの脂肪の部分は、すい液中のリパーゼによって、脂肪酸とグリセリンに分解されます。

このように食物は、たくさんの消化酵素の活躍により細かく分解されて、最終的には大きな分子を構成している最小単位、ブドウ糖、アミノ酸、脂肪酸とグリセリンに分解されるのです。

ところで、胃では、胃液によってタンパク質が消化されるのに、同じタンパク質からできている胃自体が分解されないのはなぜでしょう？　胃液に含まれるペプシンが働けるのは、強烈な酸性のときだけなので、胃の中には常に塩酸が分泌され、酸性の条件を保とうとしています。気分が悪くなって吐いた後、酸っぱい味がするのはこのためです。胃自身は、ペプシンによる分解から身を守るため、酸性を中和する物質を含んだ粘液で胃の表面を覆っては、表面をペプシンが働けない中性にしようとします。ストレスなどによって、粘液と胃液のバランスが崩れると、胃液による胃の表面の分解が起こり、いわゆる「胃に穴があいた」状態になってしまうのです。

7. 栄養分はどのように吸収されるの？

　酵素の活躍によって、大きく梱包されていた荷物は、荷ほどきがされて、1つ1つバラバラにされました。これで、細い道でも通り抜けることができます。では実際に、小さくなった個々の荷物はどこにどのように運ばれていくのでしょう？

　消化のほとんどは小腸で完了し、小腸で栄養分が吸収されます。大腸では、小腸で消化吸収されなかった食物のカスから、水分が吸収されます。

　小腸にはたくさんのひだがあり、その表面は柔毛と呼ばれる細かな突起で覆われています。これにより、小腸の表面積は非常に大きくなります。ヒトの小腸の表面積は、テニスコート1面分もあって、効率よい吸収を支えています。消化され小さく分解された栄養素、ブドウ糖、アミノ酸、脂肪酸とグリセリン、これら最少ユニットはこの柔毛から吸収されます。

　まず、ブドウ糖は、柔毛の毛細血管に吸収されて、肝臓、心臓を通って、血液の流れに乗り、全身の細胞1つ1つに運ばれます。細胞に届けられたブドウ糖は、細胞の呼吸の材料として、生命活動のエネルギー源となるのです。アミノ酸も、ブドウ糖と同じ経路で、全身の細胞に届けられ、その一部がブドウ糖と同様に、エネルギー源となります。脂肪酸とグリセリンは、柔毛から吸収されたあと、いったん通ってしまえばこっち

のものと言わんばかりに、また脂肪に戻って、大きい分子となります。脂肪は、ブドウ糖、アミノ酸とは別の経路を通って、小腸のリンパ管に入って、後に血液の流れに乗ります。脂肪も、呼吸の材料として、エネルギー源となります。

　各細胞に運ばれた栄養は、すべて呼吸のエネルギー源として使い切られているわけではありません。たとえば、タンパク質は、エネルギー源になるばかりでなく、細胞を作る材料となります。アミノ酸という部品に分けて、それぞれの細胞に運ばれた後に、部品が再び組み立てられてタンパク質となって、各細胞で利用されます。引っ越しのときに大きい家具をばらばらのパーツに分解して運び、引っ越し先の間取りの都合に合わせて、アレンジし直して使うようなものです。また、激しい運動をして一度に大量のエネルギーが必要な場合や、食事ができないなどの理由でエネルギー源が不足する緊急事態のために、ブドウ糖はグリコーゲンとして肝臓に、脂肪は皮下脂肪など脂肪組織に蓄えられます。緊急事態に備えるのも大事ですが、備えすぎると、メタボ（肥満）につながるというわけです。

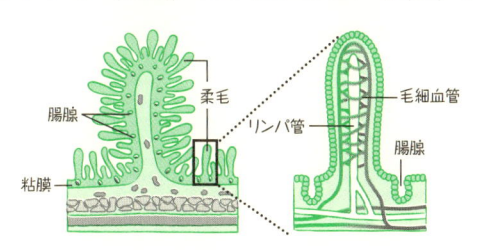

8. ガス交換を行う呼吸器官の働き

　細胞は、ブドウ糖と酸素を材料にして呼吸を行い、生きるためのエネルギーを生み出しています。呼吸に必要なブドウ糖を準備するために、いかに消化器官が奮闘しているかについてお話してきました。では呼吸のもう１つの材料である酸素は、どのように調達されているのでしょう。

　体中の細胞に、呼吸の材料である酸素を届けるために、活躍するのが、**呼吸器官**です。また、呼吸の結果、ブドウ糖を分解してできた二酸化炭素の回収、排出にも呼吸器官が働きます。口や鼻から吸い込んだ空気は、気管、気管支を通って肺に達します。肺は、心臓などと違って、筋肉でできていないために、自分で動くことはできません。肺に空気を送り込むためには、ろっ間筋や横隔膜の筋肉が働きます。ちなみに、腹式呼吸は横隔膜を、胸式呼吸はろっ間筋を使った呼吸法です。

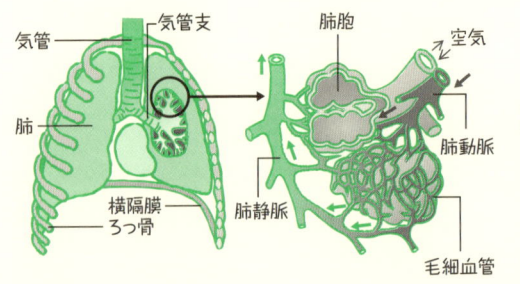

　ほ乳類の肺の中は、とても小さな**肺胞**と呼ばれる袋に分かれていて、その１つ１つの袋に空気が入ります。ヒトでは、直径0.1mmくらいの肺胞が３億個近くもあり、その

表面積は約100m²、だいたい教室2つ分の広さです。小腸の柔毛と同じく、表面積を少しでも広げ、少しでも空気に触れる機会を増やそうという戦略です。

1つ1つの肺胞の周りには、毛細血管がはりめぐらされていて、血液と肺胞内の空気との間で、効率よく酸素と二酸化炭素のやりとり（ガス交換）ができるようになっています。

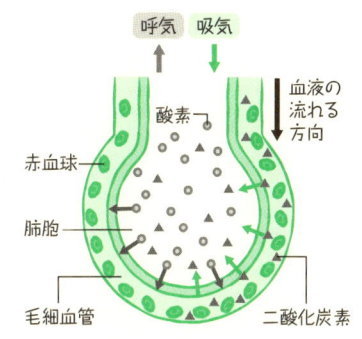

このように呼吸器官で行われるガス交換がいわゆる「息を吸って、吐いて」の一般的な呼吸にあたります。呼吸器官で行われる外界と血液との間の気体の交換を**外呼吸**と呼ぶのに対して、細胞が行う呼吸＝生きるためのエネルギーを生み出す営みは、体内の細胞と血液との間の気体の交換なので、**内呼吸**と呼ばれます。

水中にすむ動物、魚類やエビ・カニなどの甲殻類などは、えらにある毛細血管で、水中にとけている酸素を取り入れます。また昆虫は、気管と呼ばれる細い管が体中に網目のように張り巡らされて、気管内の空気と体液で直接ガス交換が行われます。さらに下等な動物では、呼吸器官自体をもたずに、皮膚の細胞膜を通して直接酸素を取り入れています。ヒトの場合でも、呼吸全体の約0.5％は皮膚呼吸で賄われています。

9. 体中に張り巡らされた循環器官の働き

　消化器官の働きによりブドウ糖の供給が、呼吸器官の働きにより酸素の供給が完了し、呼吸の材料が整いました。この材料を各細胞へ、つまり体のすみずみまで届けるのが、**循環器官**の役目です。材料を送り届けるばかりでなく、分解の結果として生じた二酸化炭素など、からだにとって不要な物質の回収も行います。循環器官は宅配業者と廃品回収業者が合体したようなものです。

　ヒトを含むセキツイ動物（動物の分類については6章でお話しします）の循環系は、**血管系**と**リンパ系**に分類できます。血管系とは心臓と血管（動脈、静脈、毛細血管）とからなるいわゆる血液の流れです。心臓から出された血液が動脈を流れて、各器官、組織で、枝分かれをした毛細血管に入ります。血液中の液体成分（血しょう）だけが毛細血管から外にしみだして、組織液として、細胞の周りを満たします。この組織液を仲立ちとして、物質のやりとりが行われます。

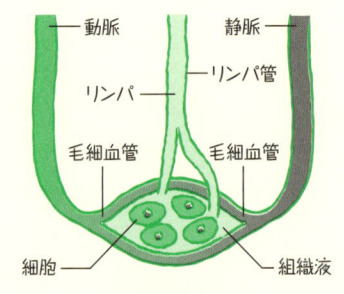

　細胞は、組織液に溶けている必要な栄養分と酸素を取り入れる一方で、二酸化炭素のような不要物を組織液に溶かしだしま

す。今度は、組織液が毛細血管の中に戻り、血流に乗って、静脈から再び心臓へと戻ります。心臓まで戻った不要物を含んだ血液は、排出器官へと、不要物を届けるのです。

　栄養分である脂肪は、小腸のリンパ管から吸収されることはすでにお話しました。リンパ管は、血管と同じように、体中に張り巡らされています。リンパ管を流れるリンパ液とは、もともと、組織液がリンパ管に入って、リンパ球と混ざったものです。組織液が毛細血管に戻れば血液、リンパ管に戻ればリンパ液、いわば「郷に入れば郷に従え」と言うわけです。

　毛細血管と同じように、細かく枝分かれしているリンパ管はやがて集まって、太いリンパ管になり、最終的には、静脈と合流しています。今までリンパ液だったものが、静脈に入って、結局は血液の成分となるのです。つまり、循環器系を満たしている、血液、リンパ液、組織液の液体成分はみな一緒です。

　リンパ液に含まれるリンパ球は、外から侵入してきた病原菌などをやっつけるという重要な役割を果たしています。風邪をひくなど、体調がすぐれないときに、リンパ腺が腫れちゃって……などという会話を耳にしたことがありませんか？　リンパ腺とは、腕、足の付け根や、首などにあるリンパ管の塊で、ここでリンパ球が作られています。リンパ腺が腫れるのは、不法侵入者の捕獲のためにたくさんのリンパ球が生産されている証拠なのです。

10. ヒトの血液はどのように流れているの？

　激しい運動をするには、もちろん、たくさんのエネルギーが必要です。内呼吸を活発に行って、エネルギー生産に拍車をかけなければなりません。血流のポンプである心臓が即座に対応し、エネルギー生産に追いつくだけの、十分な栄養分と酸素を体のすみずみの細胞に届けるためには、血液の流れを普段より多くしなくてはとても間に合いません。ポンプの動きが加速しているのは、全力疾走の後、どっくん、どっくんという、鼓動の高鳴りで実感できます。

　血液の循環は大きく2つにわけることができます。心臓から体の各部をめぐってまた心臓に戻ってくる経路を**体循環**といいます。左心室→大動脈→全身の毛細血管→大静脈→右心房という流れです。毛細血管を通るときに養分と不要物の交換と、酸素と二酸化炭素の交換を行っています。もう1つの循環は**肺循環**といわれ、心臓からでた血液が肺を経由して心臓に戻る循環です。右心室→肺動脈→肺の毛細血管→肺静脈→左心房という流れです。肺の毛細血管を通るときに、酸素

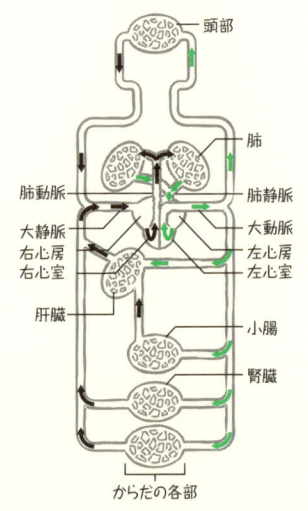

を取り入れて二酸化炭素を排出します。

　図にヒトの血液循環の様子を示しました。物質の交換をしながら、循環しているので、酸素を多く含む血液は肺を出てすぐの血液、ブドウ糖、アミノ酸など栄養分を多く含む血液は小腸を出てすぐの血液など、場所により流れている血液の組成も異なります。

　鮮血という言葉があるように、通常鮮紅色をしているのは、酸素を多く含む血液で、心臓から大動脈を通って全身に送られる動脈血です。毛細血管を通して、酸素を失って二酸化炭素などと受け取った血液は暗赤色をした静脈血です。ここで、整理しますが、肺動脈には静脈血が、また肺静脈には動脈血が流れています。これは、動脈は心臓から血液を送り出す血管、対して、静脈は心臓に血液が流れ込む血管という定義に従ったため、まぎらわしいことになってしまったのです。

　心臓自身にも血管が張り巡らされています。これは、心臓が自身の筋肉を動かすためにエネルギー生産の材料、すなわち栄養分と酸素を効率よく得るためです。心臓の血管が詰まって、心臓の筋肉への酸素や養分の供給が足りなくなると、心臓の筋肉を構成している細胞の中には呼吸ができないものがでてきて、それらの細胞は死んでしまいます。死亡ランクの上位にランクされる心筋梗塞は、このように、心臓の筋肉の一部が死に至った状態なのです。

11. 血液の成分とその役割とは？

　循環器系を満たしている、血液、リンパ液、組織液の液体成分はみんな同じで、組織液は液体成分のみ、リンパ液には、リンパ球という固体成分が含まれているというのは、すでにお話したとおりです。リンパ球がリンパ液たらしめる成分なら、血液たらしめる血液の特有な個体成分は、**赤血球**、**白血球**、**血小板**です。

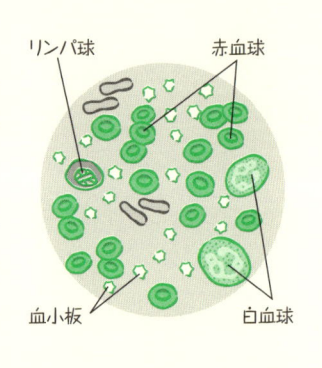

　ヒトの血液が赤く見えるのは、**赤血球**の中にヘモグロビンと呼ばれる鉄分を含んだ赤色の色素タンパク質があるからです。軟体動物はヘモグロビンを持たず、代わりに青い色素（ヘモシアニン）を持っています。ヘモグロビンは酸素の多いところにいくと酸素と結びつき、酸素の少ないところにいくと酸素を離すという都合のいい性質があります。これは、体中に酸素を効率よく運ぶのに欠かせない性質なのです。体全体では、約35兆個の赤血球が酸素の運搬に活躍しています。体中の赤血球を1列に並べると、地球を5周以上する数というのですから、驚くばかりです。いわゆる貧血とは、赤血球が足りなくて、十分な酸素を供給できない状態をさします。

白血球は、体の中に入ってきた病原菌などを退治する役割があります。白血球にはいろいろな種類があり、実はリンパ球も白血球の一種です。白血球は通常球形をしていますが、細菌が侵入してくると、アメーバーのように細菌を包みこみ飲み込んでしまいます。白血球の一種は、細菌を飲み込むと死んでしまうものもいて、その死骸がいわゆる膿です。膿は白血球が細菌と戦った証しなのです。白血球の活躍ぶりについては免疫を取り上げる4章でさらに詳しくお話します。

　通常、ヒトの体重の12分の1は血液が占めています。その30%を失うと出血多量で死に至ります。体重60kgのヒトであれば、約1.5ℓの血液が失われると死に至ります。出血がはじまったら、なんとしても止めなければなりません。傷口の血液を固まらせて出血をとめる役目を担うのが、**血小板**です。

　では、常に、血小板が血液中にあるにもかかわらず、血液が血管内で固まらないのはなぜでしょう？　血小板が壊れると中から血液凝固因子が出てきます。血液凝固が完了するには何段階もの化学反応の連鎖が必要です。血液凝固因子の正体は血液凝固にかかわる化学反応をスムーズに進行させる酵素なのです。この酵素が通常は血小板にしまわれているため、血液凝固という化学反応がやたらと起こることはありません。傷口にガーゼを押し当てるのには、血小板が壊れて血液凝固因子が出やすくなり、血液凝固を促進させるという意味もあるのです。

12. 体内のゴミを取り除く排出器官の働き

　地球環境問題が大きく取り上げられるようになってから、分別廃棄やリサイクルなど、ゴミ問題への議論ますます熱くなっています。体内で発生するゴミ（不要物）の処理はどのように行われているのでしょうか？

　細胞の呼吸をはじめとしたさまざまな化学反応の結果、細胞内には、さまざまな不要物が生じます。不要物が蓄積されていくと、細胞の活動に支障をきたします。細胞をとりまく環境を一定に保つために、これらの不要物を取り除くのが**排出器官**の働きです。

　体内で生まれる不要物の代表は、二酸化炭素とアンモニアです。呼吸によって生み出される二酸化炭素は、循環器官、呼吸器官の項でお話したように、血液の流れに乗って、肺へと運ばれて排出されます。肺は呼吸器官であると同時に、排出器官でもあるわけです。

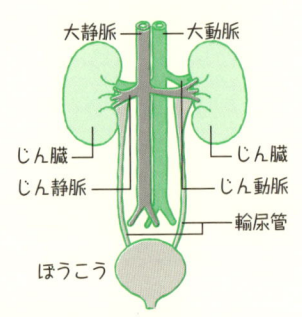

　アンモニアは、タンパク質の分解の結果できてくる不要物です。アンモニアは、毒性がとても強いので、体内に長時間おいておくと危険です。そこで、いったん肝臓に運ばれて、同じく不要な二酸化炭素と合成（代謝の一種）され、毒性の弱い尿素

に変えられてから、じん臓に運ばれます。肝臓はエネルギー不足のときの貯蔵庫としての働きだけでなく、ゴミ処理工場としても活躍しているのです。

　不要物を含んだ血液は、じん臓の濾過装置を使って、血液成分など大きな分子をのぞいて、いったん濾し出され、原尿となります。さらに、輸尿管、ぼうこうを通って、不要物が尿として排出されるわけですが、この道中、ブドウ糖など、必要であるのにもかかわらず、濾し出されてしまった成分を毛細血管へと再吸収します。またじん臓には、再吸収の機能を使って血液中の無機塩類の濃度を一定に保つ役割もあります。再吸収が終わった「かす」が尿になっているのです。糖尿病は、尿と一緒にブドウ糖が排出されてしまう病気です。血液中のブドウ糖の量を調節しているインシュリンがうまい具合に働けずに、血液中のブドウ糖が多すぎて、じん臓での再吸収が追いつかずに、外に出てしまっているのです。

　血液中の無機塩類は、皮膚にある汗腺からも汗として排出されます。激しい運動のあと、たくさん汗をかくと、血液中の無機塩類が不足することがあるので、無機塩類が含まれているスポーツドリンクが好まれるのです。

　以上のように体内では、二酸化炭素とアンモニアという分別廃棄、肝臓でのゴミ処理作業に加えて、じん臓ではリサイクルまで行われています。

コラム

心臓の拍動のメカニズム

　心臓を動かす筋肉（心筋）は、絶えず一定のリズムで拍動しています。このリズムを刻んでいるのは、ペースメーカーと呼ばれる、心臓の右心房の上部にあるほんの小さな部分です。

　ペースメーカーから規則的に出される電気信号はまず心房に伝わり、やや遅れて心室に伝わります。それにより心筋の収縮が絶妙に調節されて、心臓は、1日に約10万回も規則正しく拍動することができるのです。

　この電気信号の伝わり方を機械で読み取って記録したものが心電図で、心臓の病気の診断に欠かせない情報となります。ペースメーカーがうまく働かず、心臓の拍動が乱れる状態が、いわゆる不整脈です。

　電気信号がうまく伝わらない人は、人工ペースメーカーを体内に埋め込む治療が施される場合があります。人工のペースメーカーは、重さ約25g、硬貨ほどの大きさで、一定のリズムで電気刺激を送り続けます。これにより、心臓を動かし続けることができるのです。

　電車内や病院で、携帯電話の使用を禁止しているのは、話し声が耳ざわりだからだけではありません。携帯電話からでる電波が、人工ペースメーカーの働きの邪魔をする危険性があるためです。

第 3 章

……

生物は代謝をする〜植物〜

1. 植物はなぜものを食べないの？

　動物は細胞の呼吸によって、生きるためのエネルギーを得ています。おいしい食事は、人生のひとつの楽しみでもあるので、「食餌とは呼吸の材料を得るための活動」といってしまっては、あまりにも味気がない気がします。同じ生物でありながら、植物が食餌をしないのは、周知の事実です。植物は、食餌もせずに、どうやって、呼吸の材料であるブドウ糖を調達するのでしょうか？

　動物がすでに出来上がっている栄養素（有機物＝炭水化物、タンパク質、脂肪）を外から取り入れて、呼吸に使うのに対して、植物は、光のエネルギーを使って、自ら呼吸の材料を作ってから、それを呼吸に使います。その点が両者の決定的な違いです。たとえてみると、動物ができあいのお総菜で済ましているのに対し、植物は材料から準備して調理して食べるといったところです。

　光合成とは、二酸化炭素と水によって、ブドウ糖と酸素を生み出す化学反応、すなわち代謝です。これは代謝の中でも同化にあたります。この

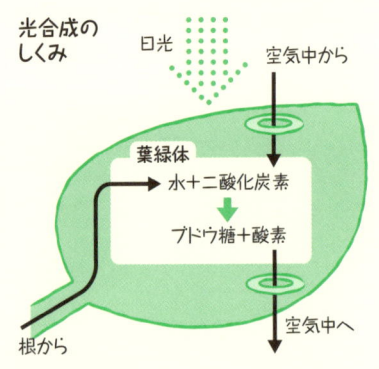

光合成の
しくみ

日光　空気中から

葉緑体
水＋二酸化炭素
↓
ブドウ糖＋酸素

根から　空気中へ

化学反応が行われる場所は、細胞内の葉緑体です。葉緑体にある緑の色素（クロロフィル）が、光のエネルギーを吸収し、代謝のエネルギーとして使えるように変換しています。植物は光のエネルギーをいったん蓄えて、呼吸によってそのエネルギーを再び取り出すことができるのです。

　植物で、最も多く葉緑体を含むのは葉の細胞なので、葉が光合成を行う現場です。葉の中でも、たとえば斑入りのアサガオの葉に見られるように、白色（または黄色）の部分には、葉緑体がないので、光合成をすることはできません。

　葉緑体が合成工場だとすると、その工場の原動力が光のエネルギーです。光なくしては、光合成は行うことはできません。植物は、いかに効率よく光を取り入れるか、戦略をたてています。まだ他の葉が生い茂らない早春に葉を伸ばす時間差攻撃や、光のあたる方へと茎を伸ばす移動攻撃などがあります。また植物を真上から見ると、なるべく葉が重ならないように葉がついているのがわかります。これも、すべての葉で十分な光を得る作戦なのです。

　植物の代謝の要である光合成は光を使って葉緑体で行われることがわかりました。光合成に必要な材料である二酸化炭素と水の調達のしくみなど、この章では光合成を軸に、植物の代謝とそのしくみを眺めていきます。

2. 植物の呼吸と光合成は逆の関係?

体を作る1つ1つの細胞が呼吸を行っていることは、動物であれ、植物であれ、生物であればみな同じです。呼吸では、酸素を取り入れて、二酸化炭素を出すときにエネルギーを生み出します。一方、植物で行われる光合成は、二酸化炭素を取り入れて、酸素を出すときに、エネルギーを必要とします。つまり、図にも示したように、呼吸と光合成は、物質とエネルギーの出入りが互いに逆の関係であることがわかります。

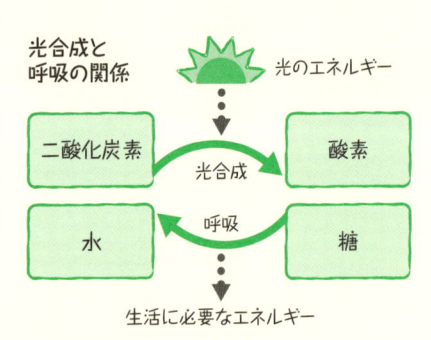

光合成と呼吸の関係

光のエネルギー

二酸化炭素 — 光合成 — 酸素

水 — 呼吸 — 糖

生活に必要なエネルギー

光が十分に当たっている日中には、光合成が盛んに行われます。植物は、光合成を行うために、二酸化炭素を取り入れて酸素を出しています。また植物は同時に、呼吸をしていて、呼吸のための気体の出し入れは、光合成とは逆で、酸素を取り入れて二酸化炭素を出しているのです。

このように、日中、酸素も二酸化炭素も出たり入ったりしています。たとえば家計でも、お金は出たり入ったりしますが、全体としては、黒字、赤字とバランスを考えるときと同じ考え方をしてみると、日中は、光合成によって取り入れられる二酸

化炭素量が、呼吸によって出される二酸化炭素量を上回るので、見かけ上、植物は二酸化炭素を取り入れているように見えるのです。酸素についても同じで、光合成と呼吸のバランスで、見かけ上は、植物は日中、酸素を出しているだけのように見えます。

一方、光があたらない夜には、もちろん光合成は行われません。呼吸による気体の出入りのみなので、酸素を取り入れて、二酸化炭素を出すだけです。

二酸化炭素と酸素の「見かけ上の出入り」にとらわれて、植物は太陽が出ている昼間は光合成のみを行い、夜になると呼吸をすると誤解している方が多いようですが、植物の呼吸は一日中行われているのです。

生物は、活動の源であるエネルギーを得るために呼吸を行います。呼吸に必要な酸素は、光合成を行う植物によって供給されています。酸素のみでなく、呼吸に必要な有機物も、光合成によって作られています。まさに光合成なくしては、生命活動は語れません。地球上からすべての植物がなくなったら、酸素も、栄養分も供給されなくなって、やがて地球上に生物は存在できなくなるでしょう。光合成は太陽の光エネルギーがなければ成り立たないことを考えると、まさに、太陽さまさまです。

3. 葉は植物の呼吸器官

　動物は、呼吸器官をフル活用して、気体の交換をしていることは、2章でお話しました。では、植物において、呼吸器官にあたるものはどこでしょう？

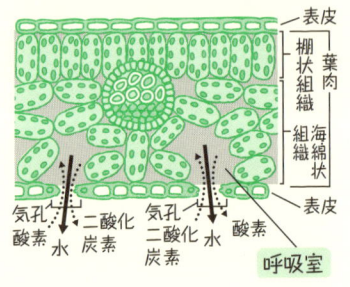

　気体の出し入れを行う場は、葉です。葉は、葉の表側と裏側それぞれを覆う表皮と、表皮にはさまれた葉肉からできています。葉肉は柵状組織と海綿状組織という2つの細胞の集まりから成り立っています。

　表皮は、薄い細胞の層でできていて、ところどころに、**気孔**と呼ばれる穴があいています。気孔が、葉の内部につながっていて、空気の通路になっています。気孔は、2つの孔辺細胞が向き合うことによって作られた小さな隙間で、左の図のように孔辺細胞の形を変えることで、隙間が開いたり閉じたりするしくみになっています。この気孔が開いたり閉じたりする様は、あたかも動物の口のようです。通常、表皮の細胞は葉緑体を持ちませんが、表皮の孔辺細胞にだけは葉緑体が観察できます。これは気孔の開閉にエネルギーが必要なためと考えられています。

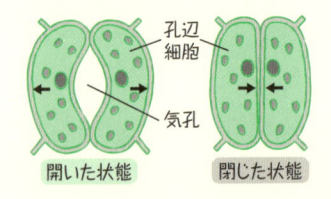

柵状組織では、無駄なく光エネルギーが得られるように、細長い細胞がぎっちり規則正しく並んでいて、効率よい光合成に都合がいいようになっています。対して海綿状組織は、丸っこい細胞が比較的まばらに並んでいます。海綿状組織にできている隙間こそが、気体の出し入れには重要なのです。この隙間は呼吸室と呼ばれ、呼吸室の二酸化炭素の濃度が一定量より低くなると気孔が開くしくみになっています。つまり、光合成によって消費し、不足した二酸化炭素を取り入れるのに都合がよくできているわけです。

　気孔は実際には、気体だけでなく水蒸気の通り道としても使われています。水分が水蒸気となって、気孔から植物体外へと出されることを蒸散といいますが、この蒸散のしくみについて、後でお話します。

　動物には、呼吸器官をはじめ数多くの器官、臓器があることはすでにお話しました。それに対して植物には、根、茎、葉の３つの器官と、生殖器官としての花しかありません。動物では器官の数や形がかなり厳密に決まっています。たとえばヒトが肺の片方を失ったら、生活する上でかなりの支障が生じるでしょう。しかし植物では、呼吸器官に相当する葉の数が若干少なくても、生きる上でさほどの問題とはなりません。植物の体は、動物に比べて、実にシンプルで、柔軟性、融通性を持っているのです。

4. 植物にはなぜ水が必要なの？

　植物が、光合成に必要な材料である二酸化炭素を、葉にある気孔から取り入れていることはわかりました。もう1つの光合成の材料である水が、根から取り入れられているのは言うまでもありません。植物の体のつくりは、柔軟性があるために、時に、葉と茎の区別さえ難しく、その区別は学問的には依然として決着がついてないほどです。ただし、根は「水を吸収する器官」として、定義されています。

　根から吸収した水は、水の通り道である**道管**と呼ばれる管を通って運ばれます。道管は、植物体内にはりめぐらされています。たとえば、葉をイラストで描くとき、たいてい葉の中に線のような模様を描くでしょう。あの線状の模様が葉脈と呼ばれ、葉の表側の葉脈は、道管の束です。

　根の先端近くには、根を覆う表皮のところどころから細い綿毛のような根毛が観察できます。根毛は表皮の細胞が形を変えたもので、

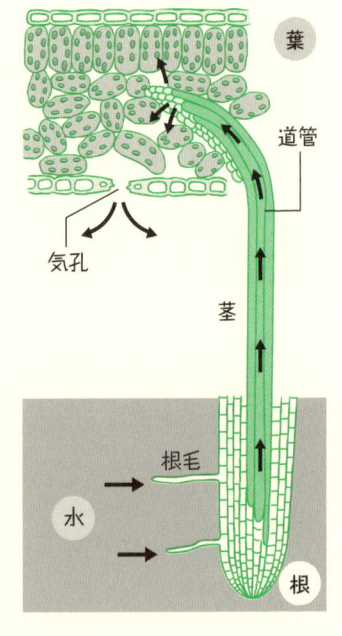

小さな土の粒と粒の隙間に入り込める利点を持ちます。根毛は、表面積を大きくして水の吸収効率をあげるのにも一役かっていて、ヒトの小腸の柔毛や肺の肺胞のように、表面積を大きくする戦略をとっています。

　根毛から吸収された水は根の道管から茎、葉の道管を移動し、最終的には光合成の現場である葉に達して、二酸化炭素とともに光合成の材料となり、エネルギーを生み出します。

　植物は、光合成によって、エネルギー源を作り出すことができるといっても、光合成で作る糖には、炭素、酸素、水素しか含まれていないので、植物の体を構成している少なくとも16種類の元素すべてを網羅できる訳ではないのです。つまり植物も自給率100％とは行かないのです。

　この炭素、酸素、水素以外の元素は、根から水に溶けた形で吸収されます。特に、窒素、リン、カリウムなどの無機塩分が重要で、市販の化学肥料はこれらを主成分としています。肥料の袋に、NPKの文字の表示を目にすることがありますが、これは窒素（N）、リン（P）、カリウム（K）を表しています。水は、エネルギーを生み出す光合成の材料となるばかりでなく、このように、植物にとって必要な無機塩分を、植物のからだのすみずみに運搬する役割も持っています。

5. 植物の体内での水の移動

　植物は、根から吸収した水をすべて光合成に使っているわけではありません。吸収した水の多くは、水蒸気の形で、気孔から空気中にでていきます。これを**蒸散作用**と言います。せっかく吸収した水を使わずに外に出すなど、一見無駄に見えますが、植物にとっては、意味のあることなのです。

　蒸散量の調節に活躍するのが、先にふれた気孔の開閉です。気孔は二酸化炭素の濃度に反応して開閉し、体内の二酸化炭素の量を調節することはすでにお話しました。気孔の開閉によって、二酸化炭素の濃度と同時に、体内の水分量も調節されています。乾燥して水が蒸発しやすい時には、気孔を閉じて蒸散量を抑えて、体内の水分量を一定に保とうとします。常に、光の強さや空気の湿度など、外界の条件に反応して、気孔が閉じます。降水量の少ない砂漠地方に生きる植物といえば、サボテンを思い浮かべますが、あのサボテンの棘は、葉が変化したものです。葉を棘に変化させて、蒸散を極力少なくし、なるべく体内に水分を確保するべくとられた戦略です。

　道管中の水の移動は、下から上への移動、つまり重力に逆らった水の移動です。その原動力の一つとして、蒸散作用が重要です。道管の中の水は1本の柱となって、根から葉まで途切れることなくつながっています。この水の柱は、水の粒（分子）

同士がくっつく性質＝**凝集力**のおかげで、上下どちらに引かれても、あたかも1本の水の柱のようにまとまって移動していきます。

根毛から吸収した水が次々と道管に流れ込んで、下から水の柱を押し上げる力＝**根圧**はたかがしれています。一方、蒸散によって、水を蒸発させながら、水の柱を上の方向へと引っ張る力＝**吸水力**は、根圧の10倍近くあります。つまり、気孔からの蒸散作用は、道管中の水の移動の促進に役立っているのです。根圧、凝集力、そして、蒸散による吸水力によって、たとえ高さ20mに達するような巨大な屋久杉でさえ、木の上の葉にまで、水をいきわたせることができるのです。

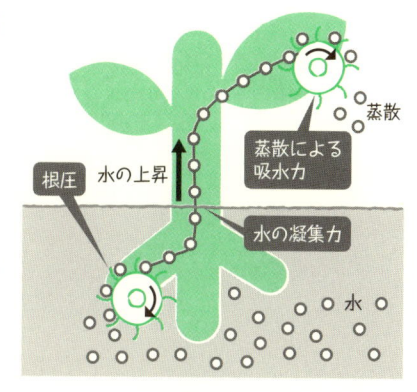

切り花が長持ちして、すぐ枯れないようにするには、茎は水の中で切ったほうがよいといわれます。もし、空気中で茎を切ると、気圧に押されて切り口から道管に空気が入り、水の柱が途切れてしまいます。こうなると、どんなに蒸散が行われて、水の柱が上のほうに引っ張られても、水の柱がとぎれてしまっているために、道管内での水の移動がスムーズに起こらなくなってしまうのです。

6. 植物の循環器官である道管と師管

　植物の体内の水の運搬には、道管が専用道路として使われています。道管に加え、**師管**と呼ばれる養分の専用道路も備わっています。葉で光合成によって作られたブドウ糖は、師管を通って、植物の体内のすみずみにまで運ばれます。ブドウ糖は、呼吸の材料として、エネルギーを生み出すのに使われるのはもちろんのこと、茎や根などの成長する部分に運ばれて、体の成長に使われたり、種子や地下茎など栄養分を蓄える部分に運ばれて、貯蔵されます。

　道管と師管は、動物でいう循環系にあたります。道管は細長い細胞が縦につながり、細胞と細胞の境界がなくなり1本の管のようにつながったものです。師管も同じですが、細胞と細胞の境である細胞膜に多数の穴があいて、まるで、ふるいのように養分を通すことができます。

　茎と根では、道管と師管の並び方が違います。根では、道管と師管が互い違いに放射状に並んで維管束を形成し、根の中心に維管束がどんと構えています。植物の分類については後で詳しく触れますが、双子葉植物という植物の仲間の茎では、道管

が集まった**木部**、新しい細胞を作る**形成層**、師管が集まった**師部**の3つの部分から**維管束**を形成します。根では、中心に1本であった維管束が、茎に至ると環状に並びます。根では、1車線だった維管束が、茎で合流車線にでもなったかのようです。

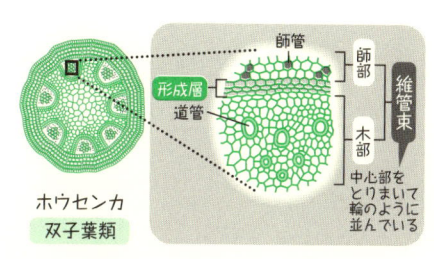

　道管は、光合成の材料である水の通り道であるために、常に内側に位置して、守られています。茎の外側が傷ついて、師管が遮断されても、道管さえ確保できていれば、植物の生命線である光合成は行えるのです。

　形成層では細胞分裂が起こり、茎がどんどん太くなっていくことができます。形成層の細胞分裂は春から秋にかけてが盛んで、秋から冬にかけてはあまり起こらないので、その成長の違いが、いわゆる年輪としてあらわれます。

　双子葉植物に対して単子葉植物の維管束は、木部と師部のみで、形成層がありません。これがユリやイネなどの単子葉植物の茎が比較的細い理由です。

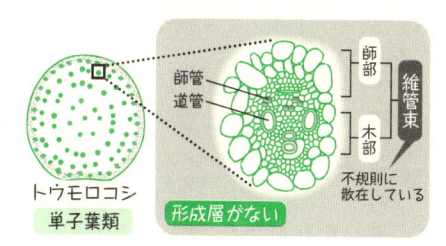

7. 栄養分はどこに貯められるの？

　植物の一生の中でも、芽生えの時期には、新しい細胞が細胞分裂によってどんどん作られるために、特に多くのエネルギーが必要です。芽生えばかりの植物は、自分で光合成をして、栄養分を作りだすことができないために、貯蔵養分を使って呼吸を行い、成長のエネルギーを供給しようとします。貯蔵場所は、種子、根、地下茎など、植物によって異なります。

　昼間、光合成が盛んに行われると、細胞内にどんどんブドウ糖が作られます。ブドウ糖は、酵素の働きで、大きな分子であるデンプンとなって、葉の中に蓄えられますが、夜の間に小さな糖に分解されて、再び水に溶ける形になって、細胞から細胞へと移動します。やがて、葉脈の中の師管に入って、茎の師管へ、そして体のすみずみへと運ばれるのです。どうせ糖の形で運ぶなら、いったんデンプンに作り替える必要はなさそうですが、一見無駄に見えるこの過程も植物にとっては重要なのです。なぜなら、光合成によって、大量のブドウ糖ができてどんどん細胞内の水に溶けていって、

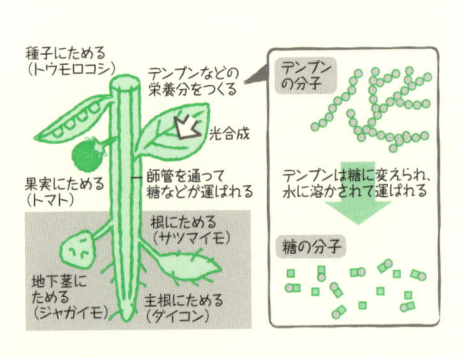

ブドウ糖の濃度が濃くなりすぎると、細胞にとっては大きな負担になってしまうからです。そこで、面倒なようでも、水に溶けないデンプンにして、一時保管されているのです。この一時保管の形のデンプンを**同化デンプン**といいます。これに対して、種子、根、地下茎、などに師管を通って送られた糖が、あらためてデンプンとして蓄えられると、**貯蔵デンプン**と呼ばれます。

貯蔵デンプンは、基本的には光合成が行えない発芽のときのためのエネルギー源なので、種子に蓄えられて芽生えの時期の盛んな細胞分裂を支えます。ところが、たとえば、ジャガイモは茎、サツマイモでは根もデンプンの貯蔵場所になっていて、種芋からも発芽をすることができます。もちろん、ジャガイモやサツマイモも、種子から発芽もできるのですが、茎や根という他の貯蔵場所から芽を出したほうが効率的であったため、私たち人間によって、効率のよい方、つまり、ジャガイモやサツマイモの種芋による発芽が選ばれ、定着したのです。

トウモロコシは種子に貯蔵デンプンを蓄えます。食用にしているトウモロコシは種子に相当します。葉でできた糖が、夜間に師管を通って、種子に運ばれます。糖が貯蔵デンプンに変わりきれていない早朝に収穫し、低温で保存をすると、ブドウ糖からデンプンへの合成を促進する酵素の働きが抑えられ、糖のまま残っているので、甘みのあるトウモロコシとなるのです。

コラム

有機物の定義はむずかしい？

「植物は有機物をつくりだすことができ、動物はできない」というように、有機物という言葉は、生物の教科書によく顔を出し、代謝の話題は、「有機物」を中心に進行していきます。にもかかわらず、「有機物は、炭素を含む化合物の総称、ただし、一酸化炭素や二酸化炭素など比較的簡単な炭素化合物は含まない」と回りくどい定義になっています。

これは、そもそもの有機物の定義が「生物固有の力によってつくりだすことができる物質」であったことに由来します。有機物の合成は、光合成生物の特権だと考えられていたのです。しかし、19世紀に入って、ドイツの化学者ウェラーが、有機物の一つ、尿素の合成に成功して以来、多くの有機物が人工的に合成可能になりました。このため、「生物だけがつくりだすことができる複雑な炭素化合物」という有機物の定義は意味をなさなくなりました。最近の教科書では、有機物のことを「蒸し焼きにすると炭が残る物質」などと、すこしわかりづらい説明がされています。

有機物が人工的に合成できるようになり、有機合成化学という学問分野も成立しています。しかし人工的な合成の効率は生物が行っている合成に比べても低いのです。どんなに科学技術が進歩しても、生物の持つ能力には遠くおよばないのです。

第4章
生物は刺激に反応する

1. 刺激に反応するしくみとは？

　あまりにも刺激のない退屈な日だ！とか、子どもには刺激が強すぎる！など、日常生活における刺激とは、感性を強く触発する様子を指して使っているようです。

　生物学において**刺激**とは、光、音、温度など、生物の体に影響を与えるような環境の変化すべてを指します。そして、生物が、そういった外界の変化を刺激として受け入れる働きのことを**感覚**といいます。

　生物は刺激を受け取ると、それに対して**反応**します。刺激に対する反応が生物の行動（運動）なのです。感覚と行動をつないでいるのが、脳を中心とする神経系の働きです。行動力があるとか、運動神経がいいとか、日常生活での行動＝運動には動的なイメージがつきものです。しかし生物学では、刺激に対して反応さえしていればすべて行動＝運動とみなされます。

　私たちヒトは、外からの刺激を受け取るとき、常に感覚器官を仲介役としています。たとえば、友達と話をしているとき、友達の顔を見るためには目、話を聞くためには耳を使っています。刺激が感覚器に受け取られただけでは、まだ感覚としては成立しません。受け取られた刺激は感覚神経を通って脳に伝えられて、中枢での適切な情報処理がなされて初めて、感覚として認められます。

認められた感覚がその後の反応を引き起こすための情報です。情報をもとにして、適切な反応を起こすべく、中枢から運動神経を経て反応器（筋肉）に伝えられます。これが刺激に対する反応＝行動です。友達の話に対して微笑んで返したとしましょう。友達の表情や声色などをもとに、情報をかき集めて、適切な反応として、微笑むという実際の行動を起こすわけです。

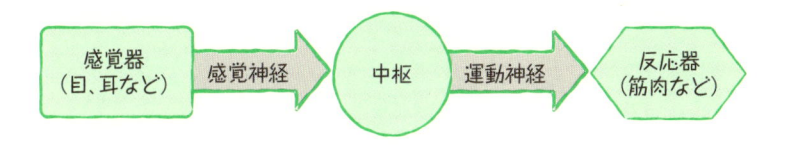

感覚器（目、耳など）　→感覚神経→　中枢　→運動神経→　反応器（筋肉など）

この章では、生物が刺激に反応するしくみについて、刺激を受ける、伝える、反応する、の順にそのしくみを眺めていきます。また、特別な形での刺激への反応として、免疫についてもお話します。

刺激に対して行動を起こす、これが生物である証です。「聞いているんだか、聞いていなんだか、うんともすんともいわないで…」と一方的にいわれている場面を想像してください。ろくに反応もしていないようでは、生物として認められなくなりそうですが、正面切って反論はしてなくても、生物である以上、それぞれの形で、「反応」しているはずです。

2. 刺激を受け取る感覚器の働き

「五感を働かせる」といいますが、このときの5つの感覚とは、視覚・聴覚・嗅覚・味覚・触覚です。しかし、私たちが外界の変化として感じとっているのはこの5つの感覚だけではありません。たとえば、皮膚で感じるのは、触覚だけでなく、温覚や冷覚、痛覚があります。また体の傾きを感じる平行覚があります。

単細胞生物であれば、細胞自体で、つまり体全体で、刺激を受け止めます。多細胞生物になると、刺激を受け止めるための特別な器官=**感覚器**を持っています。ヒトの感覚器には、目、耳、鼻、舌、皮膚などがあります。生物は、細胞が集まって組織を、組織が集まって器官を作っています。感覚器は、刺激を受け取る専門の感覚細胞が集まって組織を作り、さらにその働きを助けるようないろいろな組織との協力のもと、感覚器が成りたっているのです。

感覚器は、1つの感覚器がいろいろな刺激を受け取ることができるわけではなく、それぞれの感覚器が受け取る刺激を分担しています。感覚器が受ける特定の刺激のことを**適刺激**といいます。ヒトの感覚器と適刺激についてまとめた右の表を見てください。

感覚器で受け取られた刺激は信号になって、感覚細胞から感

覚神経へと伝えられます。そして感覚神経を通して中枢と呼ばれる大脳へと信号が伝えられて、初めて感覚として成立するのです。

たとえば、網膜で光の刺激を受け取った視細胞が、視神経を通して、その刺激を大脳に伝えます。また、うずまき管内の聴細胞が、鼓膜の振動を刺激として受け取って、聴神経から、大脳に刺激を伝えると言った具合です。そこで初めて、「見えた」という視覚が、「聞こえた」という聴覚が発生するのです。

空気がよめない＝ＫＹという言葉が一世を風靡したのは、記憶に新しいところです。空気をよむとは、周りの雰囲気を読み取る感覚とでもいうのでしょうか。とてもあるひとつの感覚器で手におえるとは思えません。「空気をよむ」には持ち合わせているすべての感覚器からの情報の総動員が必要な気がします。

感覚器の種類		適刺激	感覚
目	網膜	光（波長380〜780nm［ナノメートル］の間）	視覚
耳	うずまき管	音波（振動数が16〜20000Hz［ヘルツ］の間）	聴覚
	前庭	からだの傾き（重力の変化）	平衡感覚
	半規管	からだの回転（リンパ液の流動）	
鼻	嗅上皮	気体中の化学成分	嗅覚
舌	味覚芽	液体中の化学成分	味覚
皮膚	圧点	接触や圧力などの機械的刺激	触覚・圧覚
	痛点	強い圧力、熱、化学物質など	痛覚
	温点	高い湿度刺激	温覚
	冷点	低い湿度刺激	冷覚

3. 情報の連絡に活躍する神経系

　日常生活で、神経が細い人とか、あの人は神経が太いなどと、表現することがあります。実際に神経に細い、太いがあるのでしょうか？　神経の種類についてまとめてみましょう。

　ダンスのレッスン中に、神経を指の先まで行き渡らせて…というアドバイスがなされたりします。実際に神経は体のすみずみまで全体に張り巡らされています。神経のつながりを**神経系**といい、**中枢神経**と**末梢神経**に大きく分けられます。

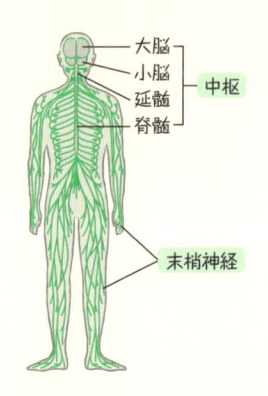

　中枢神経とは、文字通り、体全体の制御を行います。ヒトの場合、脳と脊髄（背骨の中の神経の束）が中枢にあたります。感覚器から入ってきた情報を整理し、反応器への指令を発する、まさに体の「中枢」です。神経系は神経細胞の集まりです。中枢の場合、無数の神経細胞が複雑に接続し合って、コントロールセンターの役割を果たしています。

　末梢神経とは、中枢神経以外の神経で、中枢と体の各部をむすぶ仲介役を果たしています。感覚器から中枢神経に情報を送る感覚神経と、中枢神経から運動器に命令を送る**運動神経**があります。

情報と命令の伝達方向は、常に一方通行で、たとえば中枢から出された命令が感覚神経に伝えられたりすることは決してありません。神経系をつくりあげている神経細胞のつくりによって、この完璧な一方通行のしくみが成立していることは、次の項で詳しくお話します。

　末梢神経には、**自律神経**も含まれます。自律神経は中枢と各器官を結び、中枢から出された命令を伝え、器官の調節をしています。自律神経の特徴として、中枢の中の意識に関わる大脳の支配を受けていないことが挙げられます。たとえば、恥ずかしいときに顔が赤くなり、驚いたとき顔が青くなります。これは顔の末梢血管の拡張と収縮によるものです。意識をして、顔を赤くしたり青くしたりするわけではなく、自律神経を介した調節です。体の調子は無意識のうちに、自律神経の働きによって整えられるのです。

　日常生活では、神経が細い、太いと、神経の太さを尺度に精神的な強さを表していますが、実際の神経の太さとは別問題です。無神経という表現は、気遣いができない様をさしますが、同じ刺激を受けても適切な反応ができないのであれば、感覚神経そのものには問題ないのかもしれません。

```
神経系 ─┬─ 中枢（中枢神経系）…脳（大脳・間脳・中脳・小脳・延髄）と脊髄
        └─ 末梢神経 ─┬─ 感覚神経
                      ├─ 運動神経
                      └─ 自律神経…交感神経と副交感神経
```

4．神経細胞同士の伝言ゲーム

　子どもの頃に伝言ゲームで遊んだ覚えはありませんか？　隣の人の耳元でキーワードをささやく、聞き取ったらまたその隣の人へと、次々に伝えていくゲームです。感覚器で受けた刺激を、中枢で処理して、反応器へ命令を送る、この過程はすべて神経細胞と神経細胞の間の信号の伝達によって支えられています。この伝達は、神経細胞同士の伝言ゲームのようなものです。

　神経細胞は、右の図のように核を含む細胞体とそこからのびる一本の長い突起＝軸索からできています。神経細胞同士は、軸索の末端と樹状突起のわずかな隙間＝シナプスを隔てて接しています。

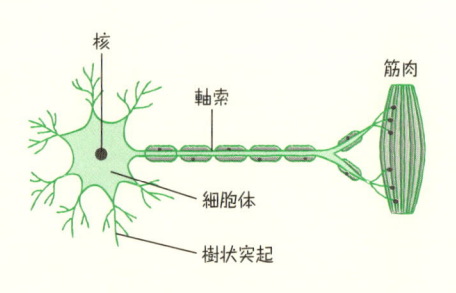

　シナプスでは信号の伝達が行われています。たとえば、脳では、1つの神経細胞が1万もの神経細胞から信号を受け取っていると言われています。脳には1000億個以上の神経細胞があるので、想像を絶するほど複雑な伝言ゲームが展開されているのです。

　樹状突起は信号を受け取ることしかできず、軸索は信号を伝えることしかできません。このように、シナプスでの信号の伝

達が、常に、軸索から樹状突起へと行われるので、常に情報と命令の方向は一方通行が保たれて、混乱をきたすことがないようにできています。

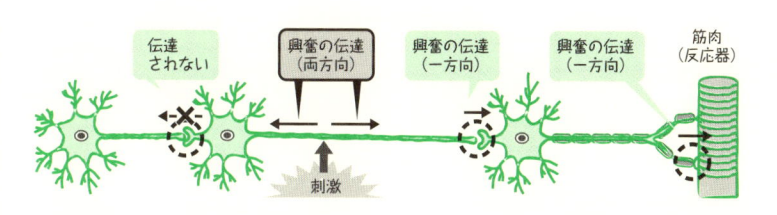

伝言ゲームは、言葉を伝えていきますが、神経細胞同士は、電気的な変化によって、信号を伝えていきます。ヒトの場合、神経細胞中を信号が伝わる早さは秒速100mにも達します。動物の体の中には、電気の流れがあって、電気回路を作っているのです。神経が出している電気信号を「脳波」として測定して、脳の活動を知ることもできます。

たとえば、てんかんとは、脳の特定の場所の神経細胞が過剰に興奮したときに起こる現象です。電気回路に異常をきたし、あたかも電気の配線がショートしてしまった状態です。別の言い方をすれば、いつもはさざ波のような脳波がでている神経細胞から、津波が発生した状況です。てんかんと聞くと、泡をふいて倒れ、けいれんする光景がうかびますが、それはごく一部の症状で、脳の電気回路のショートによって、さまざまな症状が引き起こされることがわかっています。

5. 中枢は体のコントロールセンター

　2009年7月、脳死を「人の死」をすることを前提をした改正臓器移植法が国会で成立しました。脳死という大問題を考える際には、脳のつくりとその役割を理解することが必要でしょう。

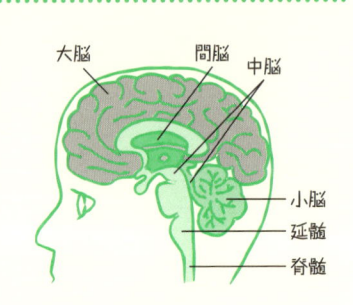

　ヒトの脳は、**大脳**、**間脳**、**中脳**、**小脳**、**延髄**の5つの部分からなっています。脳の中心には、**脳幹**（間脳、中脳、延髄）が位置します。脳幹は、たとえば、呼吸をする、眠るなど、動物として生きるための最低限必要な機能をつかさどっています。

　脳幹のまわりを囲んでいるのが大脳皮質です。皮質はしわだらけで、このしわを伸ばして広げると新聞紙一面分にもなります。大脳皮質は原皮質と新皮質に分かれます。原皮質は原始の脳ともいわれ、本能的な行動（食欲や性欲など）や快感・不快感の感情を生み出すといった現象に関わっています。その外側にある新皮質は、思考、推理、学習、言語などの高度な精神活動を支え、個性を生み出す場です。脳の層状の構造は、人が人

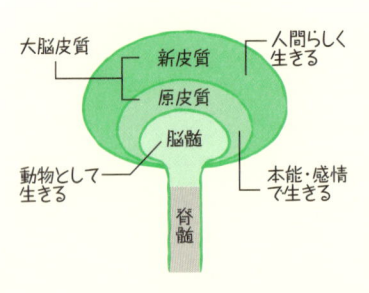

らしく生きるのに重要な部分であるほど外側に位置しているのです。

　小脳は、複雑な運動をスムーズに行えるように調節したり、体のバランスを保つ働きをしています。泳げるとか、自転車にのれるとか、体で覚える記憶には小脳が働いています。水中や空中で暮らす魚や鳥は、体の釣り合いを保つ必要があるため、小脳が発達しています。

　脊髄も中枢の一部です。全身を走る神経は、束になって、背骨の中心、脊髄を通ります。脊髄は、片方の端が脳の延髄とつながっていて、体の各部にある末梢神経と脳の連絡係の役目を果たしています。また、次の項でお話をする、反射という反応を起こすのに、中心的な役割を果たします。

　よく混乱を招くのが、植物状態と脳死の違いです。植物状態では、脳が障害を受けて、意思の疎通ができる状態ではありませんが、脳幹は機能しているので、呼吸は自力でできているのです。それに対して、脳幹を含むすべての脳の機能が失われ、戻ることができない状態が脳死です。脳幹の機能も停止している状態なので、自力で呼吸はできませんが、生命維持装置の力を借りての呼吸もできて、心臓も動いているので、体の各部の細胞は生きている状態です。何をもってヒトの死とするかについては、生物学的・医学的な判断も必要ですが、それだけでは判断できない問題であることは言うまでもありません。

6. 反射は神経伝達の近道

　私たちは熱いものに触れたとき、「思わず」手を引っ込めます。これは、熱いと感じる前に反応する、とっさの反応です。このような無意識の反応を**反射**といいます。反射は、体を守り、生きていくためにどうしても必要な反応のしくみです。

　通常、意識的に行う反応は、すべて、大脳を通した反応です。感覚器で受け取られた刺激が、感覚神経を通して大脳に伝えられます。大脳が刺激を受け取った感覚を判断し、それに対する反応の命令を運動神経へと伝え、その命令が反応器に伝えられるのです。

　それに対して、反射は大脳に関係なく起こる反応です。ある一定の刺激の信号が、感覚神経を通して脊髄に届いた場合には、大脳での判断を仰ぐことを飛ばしてしまって、決まった反応をするように、脊髄から直接反応器へと命令を下します。大脳を通さないで起こる反応なので、その分、反射の経路は短く、刺激を受けてからごく短時間のうちに反応が起きます。反応器への命令と同時に大脳への連絡も欠かしませんが、大脳への報告が届いたときにはすでに反応が進んでいるので、熱いと感じる頃には、すでに手を引っ込めていることができて、やけどをしなくて済むわけです。さながら、会社の上層部の判断を仰ぐ前に、現場で迅速な処理をしたおかげで、被害が最低限に抑えら

ボールが飛んできて「思わず」目をつむる、鼻にゴミがはいったら「思わず」くしゃみをするなど、体を守るために、反射は、生まれつき備わっています。その他に、**条件反射**というしくみもあります。これは生まれてからの経験によって成立する反射のことで、「パブロフの犬」が有名な例をして挙げられます。犬にメトロノームの音を聞かせて、餌を与えることを繰り返すと、メトロノームの音を聞いただけで、だ液が分泌されるようになったという実験の話を耳にしたことがあるでしょう。メトロノームの音とだ液の分泌は通常結びつかない感覚と反応ですが、繰り返しの経験、学習によって、この条件反射が成立したのです。梅干しを見ただけで、だ液が出るのも条件反射です。梅干しを見たこともない外国人は、梅干しを見てもだ液は出ません。

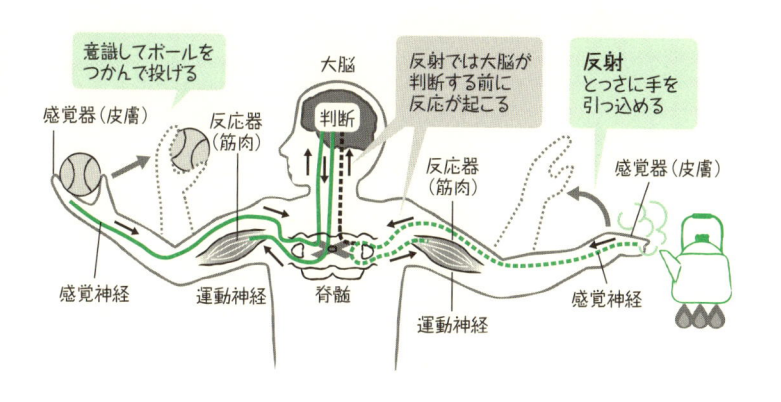

第4章 生物は刺激に反応する

7. 体を支える骨格の働き

　脳からの命令は、運動神経を通して反応器に伝わり、そこで反応が起こります。すなわち運動です。ヒトの運動は、骨と筋肉の巧みな連動の結果なのです。反応器の主役である骨と筋肉についてそれぞれ見ていきましょう。

　長さや形の異なる200個以上の骨がつながって、ヒトの**骨格**が出来上がっています。骨格は体を一定の形に保ち、支えているのに加えて、内臓などの器官を包んで保護する役割もあります。また骨と骨とで関節を作り、運動を可能にしています。

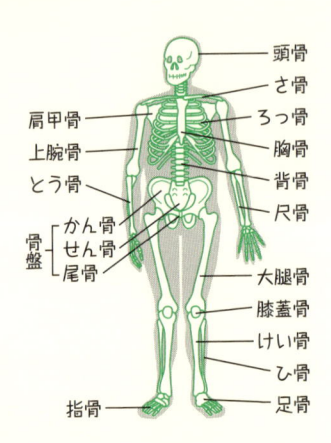

　一般に骨といわれるのは、硬骨です。硬骨は骨膜に包まれた骨組織です。骨組織の中には大きな隙間があり、そこは骨髄で満たされています。骨髄は、2章でお話した血液成分のもとになる細胞が含まれていて、血液を作り出しています。そのため、血液系の病気（白血病や貧血）の治療として、骨髄移植が有用なのです。

　骨と骨がつながり、運動を支えているのが関節です。骨同士を結んでいるひも状のものがじん帯と呼ばれ、じん帯によって

関節がずれないように守られています。じん帯の損傷はなめらかな関節運動を妨げることになるので、スポーツ選手の選手生命をおびやかすことがあります。軟骨というゼラチンを多く含むやわらかい骨が、関節で硬骨同士がこすれ合わずになめらかに動くよう、つなぎの役目をしています。

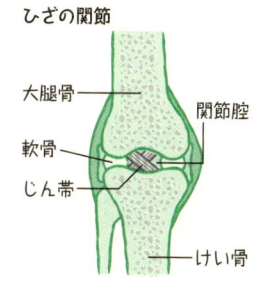

ヒトの体を支える中心は背骨です。背骨はせきつい骨という小さい骨がたくさんつながり、横から見るとS字形のカーブを描いて、体の重さを支えています。せきつい骨とせきつい骨の間も軟骨で埋められていて、足からの衝撃を和らげ、特に衝撃が脳に届かないようになっています。ちなみに、椎間板ヘルニアとは、この軟骨組織に変形をきたした状態です。

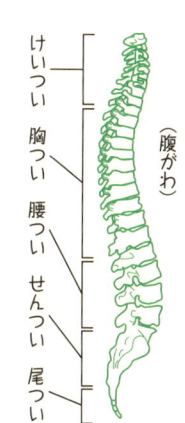

骨は、ただカルシウムなどが固まってできていると思われがちですが、骨組織ももちろん骨の細胞からできています。骨は、常に新しい骨細胞が生まれ、古い骨細胞が壊されて、その形成と破壊のバランスで、骨そのものの量が保たれています。骨は常に生まれ変わっているのです。このバランスが崩れ、骨の量自体が足りなくなるのが骨粗鬆症の病状です。

8. 運動の原動力である筋肉の働き

　ヒトの**筋肉**は、筋繊維と呼ばれる細胞からできています。1つの筋肉とは筋繊維が集まって束になったものです。筋トレによって、筋肉を鍛えるというのは、筋細胞の数が増えているのではなく、筋繊維の1本1本が太くなっていくことを意味します。

　筋肉は横紋筋と平滑筋に分けられます。平滑筋とは、いわゆる内臓を動かす筋肉です。意志によって動かすことができませんが、胃や腸などの休むことのないゆっくりとした運動を支えている「疲れない」筋肉です。それに対して横紋筋は、骨を動かす筋肉で、骨格筋とも呼ばれます。もちろん意志によって、素早い動きにも対応できますが、その分疲れやすい面もあります。ところで、心臓を動かす心筋は特別な存在です。心筋は、横紋筋に属しながら意志に従って動かすことができない筋肉です。

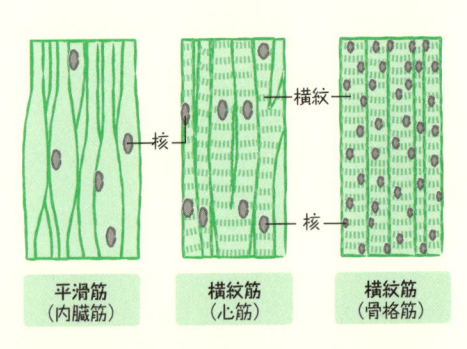

　骨格筋はその両端をけんという丈夫な繊維で骨格と結びついています。骨格筋を動かすのは、運動神経を介した脳からの刺

激の信号です。骨格筋の筋繊維の1本1本は運動神経とつながっていて、脳からの刺激の信号を受けて、筋繊維が伸びたり、縮んだりして、骨格筋全体の運動となるのです。

たとえば、ヒトの腕には屈筋＝上腕二頭筋（いわゆる力こぶの筋肉）と、伸筋＝上腕三頭筋がついています。脳から腕を曲げろと命令が出ると、屈筋が収縮し、それと同時に伸筋が緩みます。逆に、腕を伸ばすときには、伸筋が収縮してそれと同時に屈筋が緩みます。このように筋肉の収縮が運動の本質です。この筋肉の収縮を起こすのが、運動神経を介した脳の命令なのです。

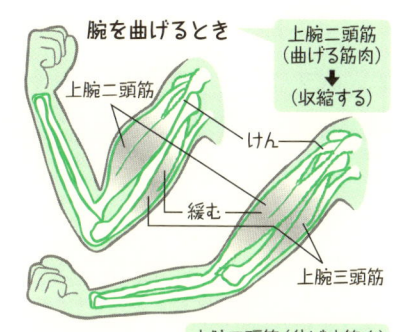

激しい運動を続けるには、筋繊維は莫大なエネルギーを必要とします。ブドウ糖を分解する細胞内呼吸によるエネルギー供給だけでは間に合わず、別のルートを使ってまでも、ブドウ糖を分解してエネルギーを生み出そうとします。その別ルートによるエネルギー供給の際に出てくる副産物が乳酸です。乳酸が筋肉痛の原因となるので、マッサージをして、血液循環をよくしてやると、筋肉中に溜まった乳酸は血流にのって取り除かれていきます。これでいわゆる筋肉痛が解消されるのです。

9. 体調を整える自律神経とホルモンの働き

　刺激に対して反応するというと、生物は外界からの刺激に対し、刻々と変化をして対応しているような、どちらというと動的なイメージを与えているかもしれません。実際のところ、生物が生命を維持していくためには、ちょうどよい状態に保とうとするしくみがとても重要です。たとえば、体温も、体内の水分量も常に一定に保たれていて、外からいかなる刺激があっても、維持する方向に反応しています。このように、体の内部を一定の環境に保とうとする性質を**恒常性**といいます。恒常性の維持に重要な役割を果たしているのが脳幹です。

　脳幹は生きていくために最低限必要な機能に関わっています。寝ている間にも心臓は動き、呼吸をしています。運動をすると心臓の拍動が多くなり血液をより多く送り出そうとします。食べ物を口に入れると、意識をしてだ液を出そうとしなくてもだ液は出ます。

器官・組織	交感神経の働き	副交感神経の働き
虹彩	瞳孔拡張	瞳孔収縮
涙腺（涙の分布）	軽度の促進	促進
呼吸運動	速く浅くなる	遅く深くなる
心臓の拍動	促進	抑制
立毛筋（鳥肌を立てる）	収縮	（分布しない）
汗腺（汗の分泌）	促進	（分布しない）
皮膚の血管	収縮	（分布しない）
血圧	上昇	低下
胃・小腸・大腸（運動・消化分泌）	抑制	促進
すい臓ランゲルハンス島（インスリン分泌）	抑制	促進
副腎皮質（アドレナリン分泌）	促進	（分布しない）
子宮	収縮	拡張

これらはすべて、無意識のうちに行われる反応で、脳幹からの命令を伝えているのが**自律神経**です。自律神経は、体の各部分の働きを活発にする神経（交感神経）と休ませる神経（副交感神経）が常にペア

になっています。このペアは常に反対の働きをするので、アクセルとブレーキの関係のように、各部の働きを一定に保つよう調節するのに便利なシステムになっています。

脳幹からの命令を伝える手段として、日常よく耳にするホルモンと呼ばれる物質も活躍しています。ホルモンとは、特定の内分泌腺から、血液中に分泌されて、特定の器官に運ばれて、その器官の働きを調節します。たとえば、膵臓から分泌されるインシュリンはホルモンの一種で、肝臓や脂肪細胞に働きかけて、血糖値を保とうとします。

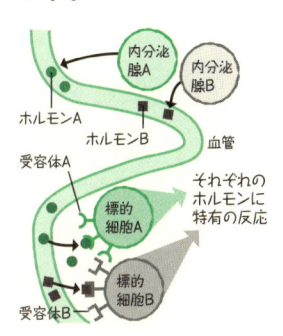

ホルモンは、ホルモン受容体と呼ばれる、それぞれのホルモンに対する受け皿を持っている特定の細胞にだけ命令を伝えることができます。よって、ホルモンは血流に乗って全身を廻っていても、どこにでもやたらと命令を伝えて混乱をきたすことはありません。これはあたかも、郵便屋さんが、宛名の表札がある家にきちんと手紙を届けるために、他の家の前は素通りしていくのと同じです。

自律神経失調症とは、まさに自律神経のバランスが崩れ、体調の調節がうまくいかない状態の総称です。また更年期障害も、ホルモン分泌のバランスが崩れることによって起こる体調不良の総称です。

10. 侵入者に対する反応とは？

　新型インフルエンザが世界各地で猛威をふるい、世界各国がその対策に懸命です。新型インフルエンザウイルスに対するワクチンの確保が大きな問題になっていますが、ワクチンとは生体の免疫システムを利用した予防法です。

　体内に入り込んだ自分とは異なるもの＝異物を排除するしくみを**免疫**といいます。免疫の「疫」とは疫病・伝染病を指します。免疫とは生体が疫から免れるためのシステムで、免疫には、病原体から体を守るために生まれつき備わっている自然免疫と、病原体に感染してから備わる獲得免疫があります。

　自然免疫とは、大型の白血球が直接病原体を攻撃するタイプの防御システムです。この直接攻撃は、防御の最初の段階です。この攻撃で、不十分な場合に獲得免疫の出番となります。侵入者を捕まえた大型の白血球が、その情報を待機している別の白血球に伝えると、抗体と呼ばれる強力な武器を量産して、異物に次の段階の攻撃をしかけます。抗体は、決まった相手にしか攻撃をしかけません。はしかのウ

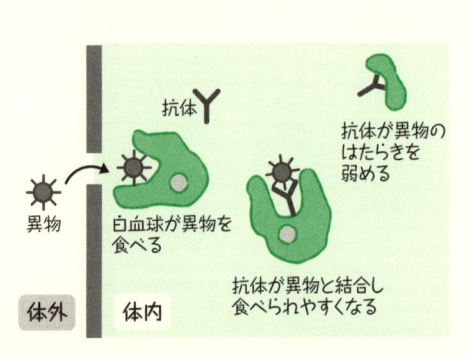

イルスに対する抗体は、はしかのウイルスだけを、インフルエンザウイルスに対する抗体は、インフルエンザウイルスだけを攻撃します。このとき、得た侵入者の情報の記憶を担当する白血球もあります。この記憶のおかげで、同じ侵入者が再来した場合には、抗体がすでに準備されているので、即、攻撃可能になるわけです。

　予防接種に使われるワクチンとは、簡単にいえば、毒素を弱めた病原菌のことです。これを使って、外部からの侵入者の情報の記憶を担当する白血球に、本物の病原菌が侵入してくる前に、あらかじめ侵入者の情報を記憶させておくのです。これにより、本物の病原菌が侵入してきたときには、すでに抗体の準備もできていて、抗体での攻撃が可能となります。

　エイズとは、後天性免疫不全症候群という病気です。エイズウイルスは、たちが悪いことに、体内に侵入すると一部の白血球を破壊して、抗体を作る能力を奪います。エイズとは、白血球が活躍できずに、普段なら簡単に排除できる病原菌に抵抗できずに、死に至ってしまうという恐ろしい病気なのです。

　順調に働いているときにはすばらしい免疫システムも、一歩間違えれば、ヒトに不都合を生じさせます。侵入者に対する過剰なまでの反応がいわゆるアレルギーです。たとえば、花粉症や食物アレルギーは免疫反応の調節に失敗したことの現れなのです。

コラム

植物はほんとうに動かないの？

　幼い子どもに、動物と植物の違いをたずねると、動物は動く、植物は動かない、という答えが返ってくることがあります。動物は文字通り「動く物」であるのに対し、植物は静的なイメージがあることはたしかです。けれども、植物はほんとうに動かないのでしょうか？

　植物が刺激に対して反応する性質を屈性といいます。植物はたいていの刺激に対して、からだを曲げて対応するからです。刺激に向かっていく性質を正、反対に向かえば負の性質です。

　たとえば、植物は光の方向に向かっていく「正の屈光性」を持っているのは、みなさんよくご存じでしょう。植物の根は下の方向に、茎は上の方向に伸びていきます。これは重力に対する屈地性という性質で、根は重力に向かっていく「正の屈地性」、茎は重力に逆らう「負の屈地性」を持っています。アサガオのつるが、上手に支柱に巻きつくのは、接触という刺激に対する「正の屈触性」によります。

　植物は根を張っているので、動物のように動き回ることはありません。しかし、生物である以上、刺激に対してきっちり反応＝行動しているのです。

第5章 生物は生殖する

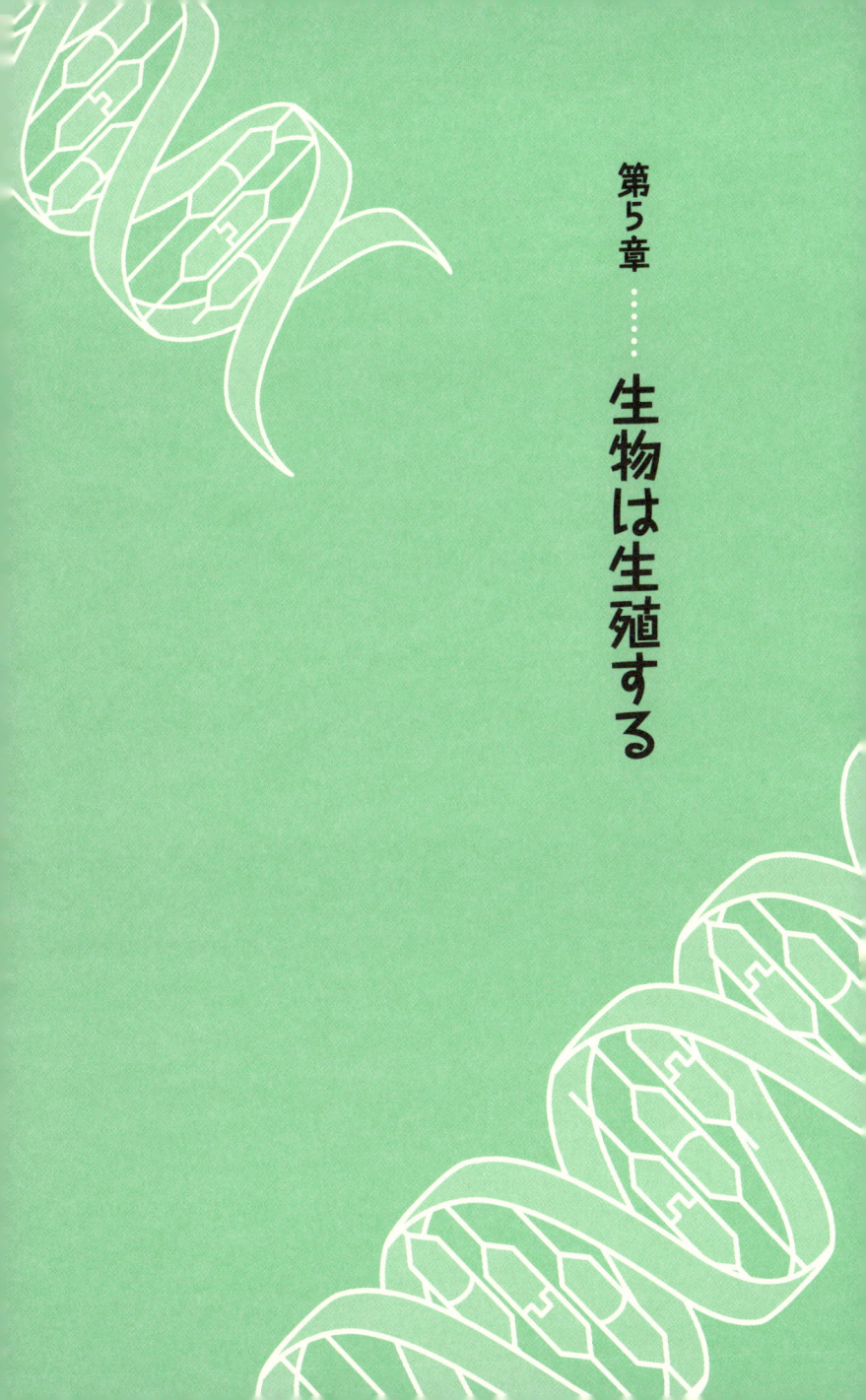

1. 生殖とは遺伝情報の受け渡し

　生殖とは、新しい個体を作り、仲間を増やして、子孫を残すことです。生殖は、生物のもって生まれた使命です。それでは生物はいかにして、生命を次世代へとつないでいくのでしょう。

　カエルの子はカエル、ヒトの子はヒトであるように、生物は当然のごとく、自分自身と同じ種類の生物の個体を増やします。この現象は、生殖という過程が、生命の設計図にあたる遺伝情報のセット一式の受け渡しであることで説明できます。遺伝情報のセット一式には、生物の代謝や刺激に対する反応を含め、生物を生物たらしめるすべてが書き込まれているといっても過言ではありません。

　遺伝情報の受け渡し方には、いろいろな方法があります。自分の持つ遺伝子セットをそっくりそのまま子どもに受け渡す方法は**無性生殖**と呼ばれます。たとえば単細胞生物の多くは、分裂によって増殖します。またサンゴや酵母菌は母体の一部から、出た芽が大きくなって分かれる増え方をします。植物はもともと生殖のためでない器官、たとえば、ジャガイモは茎で、サツマイモは根ですが、そこから芽がでて、次の世代を作ることができます。これは栄養生殖といって、無性生殖の一種です。このように、無性生殖とは親の体またはその一部から子ができて、そのまま成長して増える増え方です。

続刊予定

- 明治の名著(二) 文芸の胎動と萌芽
- 昭和の名著I [1926-1959]
- 山の名著 明治・大正・昭和戦前
- イギリス文学 名作と主人公
- ドイツ文学 名作と主人公
- ロシア文学 名作と主人公
- 鎌倉の名著
- 平安の名著
- 昭和の名著II
- 世界の少年少女・児童文学の名作 I/II
- 少年少女・児童文学 日本の名作 I/II
- 大和奈良の古典名著
- 江戸の名著 I/II
- 人生哲学の名著
- 歴史学の名著
- 経済学の名著
- 政治学の名著
- 世界の宗教 I/II
- 旧約聖書の世界
- 新約聖書の世界
- 原始仏教の世界
- 日本仏教の宗派と経典
- 中国の古典名著
- 中国の詩歌名作選
- 中国の文学
- 世界の奇書 I/II/III
- ヨーロッパの神話伝説
- オリエント・インドの神話伝説
- アジアの神話伝説
- アフリカの神話伝説
- アメリカ南北大陸の神話伝説
- オセアニア・東南アジアの神話伝説

——以後も続刊

※上記ご案内は刊行順ではありません。
企画は変更される場合があります。

人類遺産

知の系譜

明快案内シリーズ

文学や歴史、哲学、宗教、神話伝説、暮しの諸相…続々と打ち出されるテーマは幅広く明快。地球上の多様な「知の文化遺産」を総集——名著・信教の源流がたどれる全く新しい読書ガイド！

自由国民社

無性生殖に対して、雄、雌が力を合わせて、生殖を行う方法、まさに「性のある生殖」が**有性生殖**です。精子や卵など、雌雄の区別のある**生殖細胞**を配偶子といいますが、両親の配偶子が受精によって合体して、新しい個体が生まれます。有性生殖では、無性生殖のように親の完全なるコピーではなく、父方と母方両方からの遺伝情報を受け継ぐことによって、受け継がれていく遺伝情報にバラエティーが生まれるのです。

　たとえば、アブラムシは季節のいい春から秋にかけては、無性生殖によって増えていますが、気温が下がり、餌も少なくなる秋になると有性生殖を始めます。なぜ厳しい環境のときになって、一見面倒に見える有性生殖をはじめるのでしょう？　無性生殖は親の完全なるコピーを生み出すので、子たちはみな同じ遺伝情報を持って生まれてきます。ということは、生き残りをかけていくらたくさんの子たちを残しても、もし環境の変化に対応できなかった場合、その子たちは一気に全滅する危険性があります。有性生殖によってバラエティーに富んだ子たちを残しておけば、厳しい環境を生き残っていける個体がその中に含まれている可能性があるのです。有性生殖は、子孫繁栄に向けた賢い戦略なのです。

　人間社会でも現在、少子化が大きな社会問題としてクローズアップされています。いかにして子孫を残していくかは、生物にとっては実に大きな課題といえます。

2. 動物の発生と細胞の分化

新しい個体が形作られていく過程を発生といいます。ヒトの発生を例にとると、たった1個の受精卵からスタートして、60兆個の細胞からなる個体を形成するのですから、発生とは、想像を超えたダイナミックな行程です。

発生の流れは、生殖器官で配偶子が作られるところからはじまります。動物の場合、精巣で精子が、卵巣では卵が作られます。精子は通常、頭部と1本の尾から成り立つ1つの細胞からできています。頭部はそのほとんどが遺伝情報を含む核で占められ、尾をつかって泳ぐことができます。精子の役割は、泳いで卵にたどりつき遺伝情報を届けることなので、核と尾があれば十分合理的であるといえるでしょう。卵は発生に必要な多くのエネルギー分を蓄えているので、精子に比べてはるかに大きいのですが、卵も1つの細胞です。たとえば、普段食べているニワトリの卵の黄身は、ニワトリの卵細胞にあたり、なんと黄身全体がたった1つの細胞なのです。

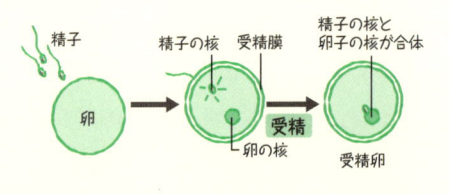

受精とは、精子が泳いで卵にたどりつき、精子の核と卵の核が合体することです。この合体によって、子は父方の遺伝情報と母方の遺伝情報の両方を受け継ぐことができます。受精して

できた卵が受精卵です。1個の細胞である受精卵は、細胞分裂によって、2個の細胞になります。2個の細胞が4個に、4個の細胞が8個に、というように細胞分裂を繰り返し、たくさんの細胞からなる胚になります。細胞分裂の過程で、ある細胞群は神経細胞の特徴を、別の細胞群は筋肉細胞の特徴を、という具合に個性を発揮していきます。これを細胞の分化といいます。やがて、分化した細胞が、組織を、そして、器官を形成しながら、しだいに生物の個体が形作られるのです。

　1個の受精卵から出発して細胞分裂を繰り返していくので、もとはといえば、どの細胞も同じはずです。では、どうして、ある細胞は神経細胞へ、別の細胞は筋肉の細胞へと分化できるのでしょうか？　受精卵には、父方母方の両方からの遺伝子情報を受け継いで、生命現象に関するすべての設計図が揃っています。つまり受精卵の段階では、将来的にどの細胞にもなれるよう全種類の設計図が揃っていたにもかかわらず、細胞分裂の過程で、神経細胞は神経細胞になる設計図を、筋肉の細胞は筋肉の細胞になる設計図のみを引っ張り出して使い、自分に関係ない部分は封印していくのです。設計図のどの部分を使うのか、この取捨選択こそが細胞の分化です。

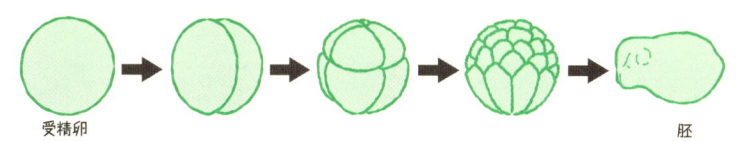

受精卵　→　→　→　→　胚

3. 受粉が植物の発生の出発点

　植物の生殖器官は花です。おしべからでた花粉がめしべにつくことを**受粉**といいます。受粉が植物の発生の出発点なので、植物にとっては、いかに効率よく受粉ができるかが重大な問題です。

　受粉の際、虫の力を借りる花を、虫媒花といいます。虫媒花は、概して派手で香り高い花です。いかに目立って、虫に集まってきてもらおうか、アピールに必死です。花粉も虫の体につきやすいように、粘りけがあります。それに対して、風に花粉を運んでもらう風媒花は、軽くてさらさらな花粉を大量にまき散らして、「数打ちゃ当たる」作戦をとっています。スギやヒノキも効率よい受粉をねらって、大量に花粉をまき散らします。そのおかげで、春先にはたくさんの人々が花粉症に悩まされています。この他、花粉が水によって運ばれる水媒花、鳥によって運ばれる鳥媒花など、受粉にはさまざまな戦略が存在します。

　ここでは、花の咲く植物のうち、被子植物（植物の分類については後述）の発生についてみていきます。おしべのやくからでた花粉は、風や虫の働きによって運ばれて、めしべの柱頭につきます。これが受粉です。受粉すると、花粉から花粉管が伸びてめしべの根本にある胚珠にまで達します。胚珠の中には卵

細胞が、花粉管には精細胞があります。これらが植物の生殖細胞（配偶子）です。精細胞の核が卵細胞の核と合体すると、これが植物における受精で、卵細胞が受精卵となります。

　植物の場合も動物の場合とまったく同じで、受精卵は細胞分裂を繰り返しやがて胚になります。胚が、将来、根、茎、葉に育つ部分にあたります。下の図にあるように、胚を含む胚珠全体が成長して種子になります。胚珠のまわりを囲んでいた子房は、やがて果実となる部分です。ちなみに、果実のうち食用になるものは、甘みがあれば果物と呼ばれ、甘みがなければ野菜と呼ばれるのが一般的です。

　種子は、周りの環境が植物の生育に適した状態になると発芽します。発芽とは、動物において胚が卵の殻を破る「ふ化」に相当します。芽生えた植物は親と同じ植物へと成長します。

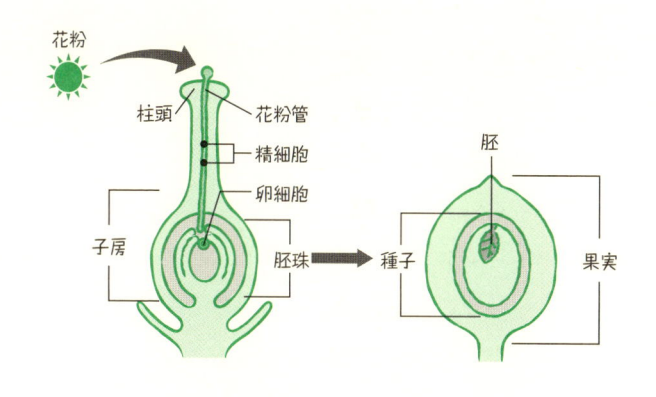

4. 受精によって染色体の数はどうなるの？

　生まれたばかりの赤ちゃんを囲んで、父親似かそれとも母親似かと熱い議論が交わされるのは、微笑ましい光景です。親の持っている形や性質が子へと伝えられることを**遺伝**といいます。目が大きい小さい、背が高い低いなど目にみえるものから、気性が激しい穏やかなどの性質も含めて、遺伝によって親から子へと伝えられる特徴を**遺伝形質**といいます。この遺伝形質を表すもとになる情報が、**遺伝子**です。

　遺伝子は細胞の核内に大切に保管されている**染色体**に書き込まれている情報です。染色体の数は、生物の種によって決まっていて、ヒトの場合は46本です。精子と卵の核が合体した受精卵の核には、精子からきた染色体と、卵からきた染色体の両方があります。たとえば、目の形を決める遺伝子を含む染色体については、父方からの染色体と、母方から受け継いだ染色体の併せて2本持っています。すべての生物の細胞は受精卵から出発したことを考えると、細胞という細胞は、目に関する染色体に限らず、すべての染色体を常にペアで持ってい

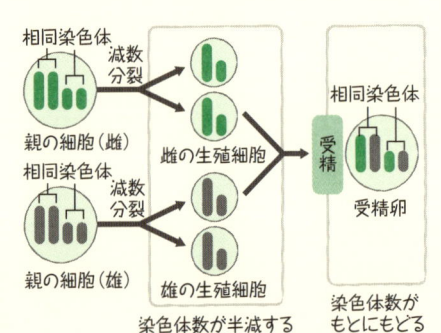

て、この似たもの同士のコンビを**相同染色体**と呼びます。

　受精のとき、精子と卵がそれぞれ染色体を持ち寄ると、染色体の数が倍になってしまうはずです。実際には、46本の染色体を持つヒトの子どもは92本、孫は184本を持っているわけではないのはなぜでしょう？　そのトリックが**減数分裂**に隠されています。生物は生殖細胞を作るときに、あらかじめ、染色体数が半分になるような特別な分裂、すなわち減数分裂を行います。左の図のように相同染色体のコンビを解消させて、1本ずつに分ける分裂を減数分裂といいます。つまり生殖細胞にはコンビの片割れしかいません。しかし、生殖細胞同士が受精すると、また相同染色体はコンビを組むことができます。ヒトの精子には、23本、卵にも23本の染色体があります。受精後再び、46本の染色体は23組のペアを作るのです。

　1組の相同染色体を持つ生物では、減数分裂によって、2種類の配偶子ができます。2組の相同染色体を持っていれば、4種類の配偶子です。ヒトは、23組の相同染色体を持っているので約800万種類の配偶子ができます。精子800万種類に、卵800万種類で、その組合せは莫大です。同じ両親から全く似ていない兄弟が生まれるのも当然です。父親か母親かどちらの遺伝形質が遺伝したのかは、思った以上に複雑で、「熱い議論」になっても不思議ではありません。

5. メンデルが発見した遺伝の法則とは？

　一見複雑に見える遺伝という現象にシンプルな法則性があることは、遺伝学の父メンデルの偉大な努力によって発見されました。目の形の遺伝を例にとって、メンデルの法則について説明します。

　たとえば、父親が一重まぶた、母親が二重まぶたで、その子どもが、父親から一重まぶたの遺伝子（を持つ染色体）、母親から二重まぶたの遺伝子（を持つ染色体）を受け継いだとしましょう。通常の遺伝では、2つの遺伝子がペアを組んで、形質を支配しています。この子どもは、遺伝子としては「一重 - 二重」というペアを持っていますが、たとえば、右目が一重で、左目が二重となるわけではなく、両目とも二重になります。なぜなら、遺伝子の働き方には強弱があって、強い遺伝子だけが働くことができるためです。このとき、二重まぶたの遺伝子が働き、一重まぶたの遺伝子はあたかも隠れているように見えます。結果として、その働きが現れる遺伝子を優性遺伝子、隠れてしまう遺伝子を劣性遺伝子といいますが、遺伝学で使う「優性」は、けして優れているという意味ではなく、優先されるという意味で捉えて下さい。つまり二重まぶたの遺伝子は優性遺伝子です。このように優性の形質のみが優先的に現れることを**優性の法則**といいます。

　まぶたの形質を支配する遺伝子ペアの組み方とて、「一重 -

一重」「一重 - 二重」「二重 - 二重」の３種があり得ます。いずれのペアを持っているにせよ、生殖細胞が作られる際、減数分裂による相同染色体のペア解消にともなって、遺伝子のペアも分離されます。これが**分離の法則**です。つまり、生殖細胞は、一重あるいは二重いずれかしか持っていませんが、子どもは、先ほどの３種の遺伝子のペアのいずれかを持つことになります。優性遺伝子である二重を含む「一重 - 二重」「二重 - 二重」ペアを持てば、二重まぶたに、また「一重 - 一重」は一重まぶたというように、子どもが一重か二重かが決まるのです。

目の形を決めるのは一重まぶた、二重まぶただけではなく、たとえば、まつげが長い（優性）短い（劣性）も遺伝形質です。このとき、一重まぶたか二重まぶたかという形質とまつげの長さの形質の遺伝は、お互いに干渉することなく、独立して子に遺伝します。これを**独立の法則**といいます。

シンプルなメンデルの法則だけでは、生物の形質は説明しきれません。形質のうち遺伝しないものを獲得形質といいます。先祖から受け継いだものではなく、生後に獲得した形質という意味です。運動によって発達した筋肉、けがによる傷跡などがその例です。

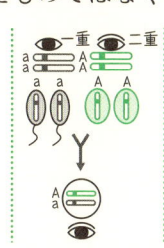

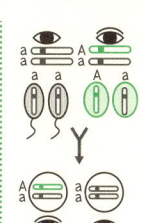

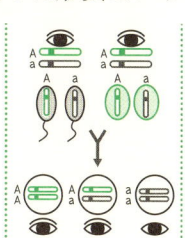

6. 生命の設計図DNAの構造とは？

　メンデルが遺伝の法則を発見してから、およそ90年後の1953年に、ワトソンとクリックという2人の若き研究者によって、「親から子へと受け継がれる形質を決める物質」の実体がようやく捉えられました。それこそが**DNA**（デオキシリボ核酸）です。20世紀は生物学の世紀といわれたように、生物学は、この発見を契機にまったく新しい局面を迎え目覚ましい発展を遂げることになったのです。

　DNAの構造は、かの有名な二重らせん構造です。DNAの二重らせん構造とは、図にあるように、鎖でできたはしごをねじったようなつくりです。はしごの段にあたるところは**塩基**と呼ばれ、2本の鎖が、お互いに手を結ぶようにして、段を作ります。塩基にはアデニン(A)、チミン(T)、グアニン(G)、シトシン(C)があって、A,T,G,Cの略称が使われます。互いに手を結んではしごの段を作るとき、手をつなぐ相手がきっちり決まっています。AならばT、GならばCとしか手をつなぎません。この二重らせん構造こそが、

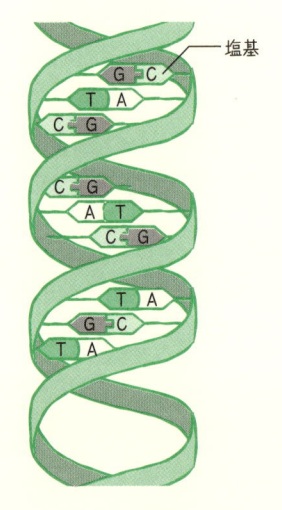

生命の形質に関する情報（遺伝情報）を後生に伝達するには欠かせない合理的な構造なのです。

DNAは生命の設計図ですから、DNAが壊れることは即、生命の危機につながるので、修復のシステムが備わっています。片方の鎖が切れてDNAのはしごが壊れそうになったとしても、もう片方の鎖を手がかりに手をつなげる塩基をはめ込んでやれば、はしご段の修復は可能です。遺伝情報が失われそうになると、細胞はその修復に努めます。

細胞分裂は自身のコピーを作る作業なので、DNAのコピーを作る過程も含まれます。細胞分裂の準備期間に、DNAは自分自身の正確な複製を行っていることは、1章の細胞分裂の項でもすでにお話しました。DNAのコピーを作るとき、上の図にあるように、まず2本の鎖がほどけて、1本ずつになります。それぞれの鎖を手がかりに手をつなげる塩基をはめ込んでいけば、新しいはしご段が一度に2つ正確に作っていくことができます。コピーの元本（鋳型）さえあれば、複製は簡単なのです。

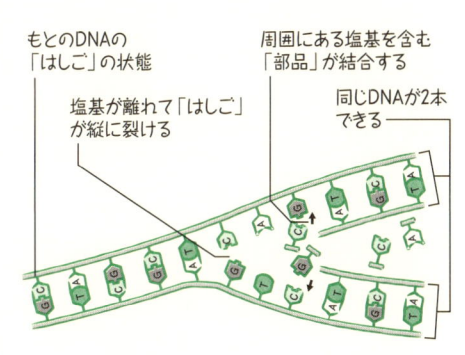

7. 遺伝子とは？ゲノムとはいったいなに？

　1つ1つの細胞は顕微鏡でなければ見えません。その細胞の中にある核の中に、生きていくために必要な情報が詰まったDNAが収納されています。DNAは生命の設計図ですから、その情報量が莫大であることは予想できます。DNAを核から取り出してきて伸ばしてみると、ヒトの場合、約2mあるので、DNAがいかにコンパクトに収納されているかには驚かされます。

　DNAはA,T,G,Cというたった4種の塩基の配列によって情報を伝えます。ヒトでは、この4つの塩基の並びが、なんと30億対も連なっています。この情報量をイメージしてみると、たとえば、A4の紙1枚に印字できる文字が2000文字くらいですから、30億のA,T,G,Cの並びとは、150万ページになります。この30億の塩基対すべてが必要な情報かというとそうではありません。DNAの中で、情報を担っている部分のことを**遺伝子**と呼びます。ATGCの4文字からなる30億個の羅列の中に、たとえば、目は二重、まつげは短く、のような、意味のある文章がところどころに含まれているのです。ですから、DNAと遺伝子が同意で使われている場面を見かけますが、それは厳密には間違いです。

　最近、**ゲノム**という言葉もよく耳にするようになってきまし

た。ゲノムとは「生物をその生物たらしめるのに必須な遺伝情報」です。つまり、ヒトであれば、30億塩基の並びが、ヒトゲノムということになります。1990年頃から世界の研究者が分担し、ヒトゲノムの全配列を解読するヒトゲノム計画が実行されました。30億個の塩基対とは膨大な数で、1日で10万個調べても100年かかる計算です。そんな壮大なプロジェクトは、人を月へ送ったアポロ計画に匹敵すると言われていました。ところが、目覚ましい技術の進歩と多くの研究者の努力により、ワトソンとクリックによるDNA二重らせん構造の発見から50年後にあたる2003年に、ヒトの設計図の全解読が終了しました。ヒトの持つ遺伝子は当初の予想よりだいぶ少なく、3万程度であったという事実は驚きをもって受け入れられました。これは、ハエの約2倍、大腸菌の10倍程度にすぎません。ほ乳類同士では、全塩基配列も90％程度は同じで、チンパンジーとヒトでは98％以上の塩基配列が一致していました。ヒトは遺伝子レベルでは他の動物とさほどかわらない存在なのかもしれません。

DNA設計図　　遺伝子＝文書

けつえきがたはえいがた・・・・・
・・・・めはふたえまぶた・・・・
かみのいろはちゃいろ・・・かお
はまるがお・・・めのいろはくろ
・・・・

DNA　　　　　　　　　　　　遺伝子
・・・・・・ATGCGACAT・・・TGTTAG・・

8. トンビがタカを産む？

　あらゆる生物にとって、「生命の設計図」が正確にコピーをされて引き継がれていくことが必要です。ところがごくまれに、コピーの際にミスが生じることがあります。また、設計図の文字そのものが薄れてきたり、設計図自体が破れたりという、破損が生じることもあり得ます。このように、DNAや染色体の構造が何らかの原因で変わることを**突然変異**といいます。

　生殖細胞に突然変異が起こると遺伝する形質が変わります。それによりメンデルの法則では説明できない形質が「突然」現れるのです。「トンビがタカを産む」とはうまく言ったもので、突然変異には、DNAそのものに変化がおこる**遺伝子突然変異**と、染色体の数や形に変化がおこる**染色体突然変異**があります。

　遺伝子突然変異は、DNA複製の過程で自然に発生してしまうことがあります。DNA複製がいかに巧妙なしくみとはいえ、鋳型にあった塩基をはめ込んでいく際に、はめ込む塩基を取り違えてしまえば、それが即、塩基配列の変化を生み出します。たとえば、鎌状赤血球症という病気は、毛細血管の中で、赤血球が鎌状に変化していまい、酸素の運搬に支障をきたし、貧血を起こす病気です。これはたった1つの塩基が置き換わってしまった変異によって発症する病気なのです。

　また、細胞分裂のときに染色体の一部が切れたり、染色体数

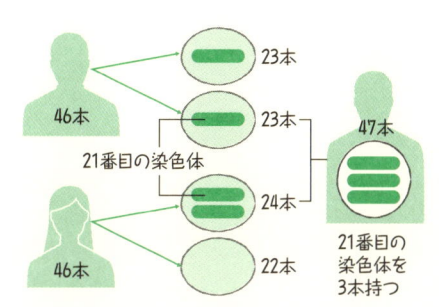

が変わったりすると染色体突然変異が起こります。染色体突然変異の例としては、たとえば、ダウン症があげられます。ヒトの減数分裂で、21番目の相同染色体の分離がうまくできなかった生殖細胞が受精すると、通常46本であるヒトの染色体が、上の図のように21番目の染色体が3本となってしまって、合計47本の染色体を持った受精卵となります。母親が高齢になるとダウン症の子どもの割合が増えるのは、高齢になると相同染色体の不分離が起きやすくなるからだといわれています。

突然変異は自然に起こるだけではありません。化学物質（発ガン性物質）、紫外線、放射線などは**変異原**として突然変異を引き起こす割合を高めます。変異原によって損傷をうけたDNAを修復しようとして、鋳型に合わせて塩基をはめ込んでいるときにミスをしてしまうのです。

生命の設計図にミスが生じると、もちろん、生命は危険にさらされることになります。突然変異は生存や繁殖に不利となることが多く、普通はその遺伝子を後生に残すことはできません。しかし、ときに、それこそ「突然」に、有利に働くことがあります。これについては6章で詳しくお話します。

コラム

血液型はどのように決まるの？

　最近、書店で、血液型占いや血液型による性格診断に関する本をよく目にしますが、そもそも血液型はどのようにして決まるのでしょうか？

　血液型は、A、B、Oそれぞれの形質を現す3つの遺伝子で決まります。これらの遺伝子のうち、A、Bが優性で、Oが劣性の遺伝子です。たとえば、父からA型遺伝子、母からO型遺伝子を受け継ぐと、子どもはAとOの遺伝子を持ちますが、Aが優性なので、血液型はA型になります。両親からそれぞれ、AとBの遺伝子を引き継ぐと、優劣の差がなく、AB型となるのです。

　ABO式血液型の違いは、主に赤血球の表面に出ている物質の違いによります。たとえばA型の血液は、B型の血液の赤血球の表面にある物質を持っていません。A型血液にB型血液が混ざると、B型の血液の赤血球の表面を異物として認識して、抗体が攻撃しはじめます。この一連の抗体反応による血液凝固が起こることを防ぐため、輸血の際には血液型を合わせる必要がでてくるのです。

　「あなたはその几帳面さからして、A型ですね」などと、血液型と性格を関連付ける話題は楽しいものです。しかし残念ながら、赤血球の表面の物質がどれほど性格に影響しているのか、科学的な証拠はまだありません。

第6章 生物を分類する

1. 生物を分類してみよう

　生物とは何かという問いに対して、生物は細胞からできている、生物は代謝をする、生物は刺激に反応する、そして、生物は生殖をするという4つの特徴をあげて、ここまでお話してきました。この地球上に生存する200万種にのぼる生物がこれら共通の特徴を持って生命を営んでいるのです。

　生物の特徴を1つ1つ見比べていると、この生物とあの生物は同じ特徴がたくさんあってよく似ているけれども、あの別の生物とはあまり似ていない、といったことがわかってきます。いくつかの生物に共通した特徴に注目し、同じ特徴を持つもの同士を集めて1つのグループにすると、生物をいくつかのグループに分けることができます。これが生物の**分類**です。

　多くの生物に共通した特徴を基準にすると、まずは大きなグループができ、そのグループの中で、さらに細かくグループ分けができます。この手順で分類していくと、生物の分類は、通常、大きい方のグループから小さい方のグループへ、7階級で表されます。すなわち界-門-綱-目-科-属-種ですが、この分類に従った表記を動物園、植物園あるいは百科事典などで目にしたことがあるでしょう。

　たとえば、ライオンは、動物界-セキツイ動物門-ほ乳類綱-食肉目-ネコ科-ヒョウ属-ライオンとなります。現在、生物の

分類上の基本単位が種です。一般的な種の概念は、子孫を残すことができることです。たとえば、ヒョウとライオンを強制的に交配して、レオポンという雑種が生まれます。レオポンには繁殖能力がないので、ヒョウとライオンは同じヒョウ属に属しながら、別の種とされるのです。

　地球上に最初の生命が誕生したのは約40億年前のことです。現在地球上でみられる200万種の生物はすべて、最初に出現した生物を祖先としているのです。もとは1つの祖先が、あるとき、それぞれの特徴を持って2つに分かれ、そしてそれぞれがさらに枝分かれをして、またそれぞれの特徴を持ち……と長い時間をかけて200万種にまで枝分かれしてきたのです。生物が時間とともに枝分かれをして変化していくことを**進化**といいます。生物の特徴は、進化の過程で生み出されてきたので、生物の分類を考える上で、進化を切り離して考えることはできません。この章では、生物の進化をたどりながら、生物をおおまかに分類し、それぞれの特徴を眺めてみましょう。

2. 突然変異は進化の原動力

　DNAの受け渡しこそ、生命を継続する作業＝生殖にあたることは、5章でお話したとおりです。生物は、DNAの複製と細胞分裂によって、個体を増やしています。DNAの複製は、細胞分裂がなされるたびに、二重らせん構造という構造の利点を最大にいかした巧妙なしくみで行われています。

　しかし、いかに巧妙なしくみであったとしても、物事に完璧などありえません。DNAの複製の際に、極まれに起こる間違いがいわゆる**突然変異**ということは、すでにお話しました。また、複製の段階に限らず、紫外線や化学物質などの変異原によって、遺伝子の塩基配列が変わってしまうこともあります。このように、自らの間違い、あるいは外からの強制的な力がある以上、単純な生物といわれる大腸菌でさえ、480万塩基対もの遺伝情報を持つわけですから、それをひとつも間違えずに、何代にもわたって、まったく同じ遺伝子配列を受け継いでいくのは非常に困難なことが想像できます。

　実際、生物が遺伝子の変異を免れるのは至難の業です。逆にいえば、遺伝子の変異の重なりが進化といえるのです。遺伝子に変異が起こり、そこで枝分かれが起こります。それを繰り返した結果、生命誕生から40億年が経過した現在、200万種という膨大な生命のバラエティーが生み出されました。遺伝子の変

異がなく、最初の生命が誕生したときからずっと、完璧な遺伝子の受け渡しが行われてきたのならば、時間とともに生物が変化をすることはなく、進化も起こらなかったでしょう。生命をとりまく過酷な環境の変化に対応し、ここまで生物が繁栄してこられたのは、まさに、遺伝子の変異によって得てきた多様性のおかげにほかなりません。遺伝子複製の失敗は成功のもと、変異原による配列の変化もけがの功名、とでもいいましょうか。

また、5章の有性生殖の項でお話したように、遺伝子を正確に受け継いでいこうと言いながら、有性生殖では、両親両方からの遺伝の情報を受け継ぐので、厳密には両親それぞれとは少しずつ違う遺伝情報を持った子どもが生まれています。同じ両親を持つ兄弟姉妹も似てはいるが同一ではないのはこのためです。代を重ねるごとに、遺伝情報は変化を重ねていって、生物の進化の原動力になっているわけです。基本となる伝統の部分は、頑固に守り続けていきながら、時代に合わせた変化ができる老舗が看板を守り通せるのと同じことなのかもしれません。

3. キリンの首はなぜ長い？

　遺伝子の変異という原動力を得た生物は、その原動力をどこに向かわせるのでしょうか？　進化を起こすしくみをキリンの首を例に見ていきましょう。

　まず、キリンの首はどうやって伸びたかを想像してみてください。キリンの祖先の首は短かったけれど、高い木の葉を食べようとして首を伸ばしているうちに首が伸びて、首が伸びた親から生まれた子どもは首が長くなって、そのまた子どもは……というプロセスはイメージしやすいのではないでしょうか。

　しかし、それでは「進化の原動力は遺伝子の変異」という考えにそぐいません。首を伸ばそうとして伸びたのであれば、その形質は遺伝子によるものでなく、後から獲得した特徴なので、その特徴を子どもに伝えることは、どう頑張っても無理なのです。筋肉トレーニングのおかげで筋肉隆々のお父さんから、筋肉隆々の子どもが生まれるわけではないのと同じことです。

　遺伝子の突然変異は、まったくの偶然をもってあらゆる方向に起こります。紫外線などによる外からの力によって変異がおこるにせよ、影響を受ける遺伝子配列の場所はまったくの無作為に選ばれた場所です。つまり、たとえキリンの首の長さに関する遺伝子に変異が起こったとしても、キリンの首を伸ばす方向にも、また短くする方向にも、遺伝子の変異は起こりえると

いうことなのです。偶然に起こった遺伝子の変異によって生じてきた個体差が、他の個体よりも環境に適していたときに、**自然淘汰**が働きます。あるとき突然首の長いキリンが生まれて、首の長いキリンの方が高い木の葉を食べるのに適していたので生き残ったというわけです。

このように、高い木の葉を食べるためにキリンの長い首は長くなったというように、いかにも自然淘汰がすばらしい適応を生み出したかのように、目的を持って淘汰が働いた、という見方は、進化を考える上で、まったくの誤解です。自然淘汰の原因になる遺伝子の変異に目的などなく、単なる偶然の産物に過ぎないからです。

運命の出会いなどといいますが、「目的を持った出会い」よりも「偶然の出会い」のほうが、よりロマンチックに感じます。生命の進化も偶然の積み重ねであるからこそ、生命はより神秘的なのではないでしょうか。

4. 植物はどう進化したの？

　ランダムに起こる遺伝子変異の選択は、自然淘汰による適応によって行われ、進化という形で表れてきます。生命誕生からの地球環境の変化を軸に、植物の進化を眺めてみます。

　地球に最初に生命が誕生したのは、40億年前といわれています。最初の生物は、有機物（呼吸の原料になるブドウ糖など）に囲まれて生活し、海は生物にとって楽園でした。しかし、生命体の数が増えるにつれて、「食糧難」に陥ることになります。この食糧難こそ、太陽のエネルギー利用した光合成を獲得するきっかけとなるのです。植物の祖先にあたる光合成生物（**ソウ類**）の誕生は約27億年前のことです。

　光合成生物（ソウ類）が増えれば増えるほど、光合成の産物として排出される酸素も増えていきます。生命誕生の頃には地球の周りにほとんどなかった酸素が、光合成生物による酸素の排出によって、いつしか地球をとりまきました。そして、酸素の一部が紫外線によりオゾンにかわり、オゾン層を形成しました。オゾン層は、遺伝子変異原ともなり得る太陽からの紫外線から地球を守ってくれます。これで、生物が陸上でも生活できる環境が整ったわけです。

　光合成生物（ソウ類）は、さんさんとふりそそぐ太陽光に魅せられて陸上に進出します（**コケ植物、シダ植物**）。これが約

4.4億年前のことです。陸上への進出には、乾燥から身を守り、いかにして水分を確保するかという大きな課題がありました。その克服のために、維管束という全身に水を供給するシステムが発達することになります。

やがて、乾燥に耐えられる種子を発達させた植物（**種子植物＞裸子植物**）が現れました。約2.5億年前のことです。花粉管を伸ばすことで、受精にも外部の水は必要ありません。

約1.4億年前になると、受精が行われる胚珠を子房で包んで、より乾燥に強い植物が現れました（**被子植物**）。これまで風に頼った受精を行っていた植物は、昆虫に花粉を運んでもらうようになり、美しい花を咲かせるようになりました。また動物に種子を運んでもらう都合上、美味しい果実をつけるようになったわけです。

時代	年代	紀	出来事	植物の時代
先カンブリア時代	46億年前		ソウ類の出現？	ソウ類の時代
	5.42億年前	カンブリア紀		
	4.88億年前	オルドビス紀		
古生代	4.44億年前	シルル紀	シダ植物の出現	シダ植物の時代
	4.16億年前	デボン紀	裸子植物の出現	
	3.59億年前	石炭紀	巨大シダ植物の繁栄	
	2.99億年前	二畳紀	シダ植物の衰退	
中生代	2.51億年前	三畳紀	裸子植物の繁栄	裸子植物の時代
	2.00億年前	ジュラ紀		
	1.45億年前	白亜紀	被子植物の出現	
新生代	6600万年前	第三紀	被子植物の繁栄	被子植物の時代
	260万年前	第四紀		
	現在			

5. 花が咲く植物を分類してみよう

　植物が地球環境の変化に伴って、どのように多様性を獲得してきたかを踏まえた上で、植物の分類についてお話します。

　植物はまず、どのように生殖するかによって、大きく2つ分かれます。花を咲かせて種子を作る植物と、花が咲かない植物です。ここで花が咲く植物である**種子植物**の中をさらに分類してみます。

　種子植物は、めしべに子房があるかないかで、**裸子植物**と**被子植物**とに分けられます。5章で植物の受精についてお話したときにも少し触れましたが、裸子植物は、雄花と雌花に分かれていて、雌花には、子房がなく剥き出しの胚珠があります。そこに花粉が風で飛んできて、受精をします。対して、被子植物は、めしべに子房に包まれた胚珠があって、受精には花粉管が必要です。私たちが目にする花はたいてい被子植物です。

　被子植物はさらに、発芽のときに1枚の子葉が出る**単子葉類**と、2枚の子葉が出る**双子葉類**に分けられます。単子葉植物と双子葉植物は子葉の枚数だけでなく、茎の維管束のつくりにも差があることは、3章の植物の栄養分の項でもお話しました。茎だけではなく葉の維管束（葉脈）のつくりも異なっていて、単子葉植物では葉の葉脈は平行に走っているのに対して、双子葉植物では網目上の葉脈をしています。

双子葉植物はさらに、花びらのつきかたによって、花びらの根元がくっついて、1つの花びらのように見える**合弁花類**と、花びらが1枚1枚に離れている**離弁花類**に分かれます。

　ここでは、この章の最初に紹介した7階級の分類に必ずしもぴったりフィットした分類ではないのですが、よりわかりやすさを重視した分類を紹介しています。

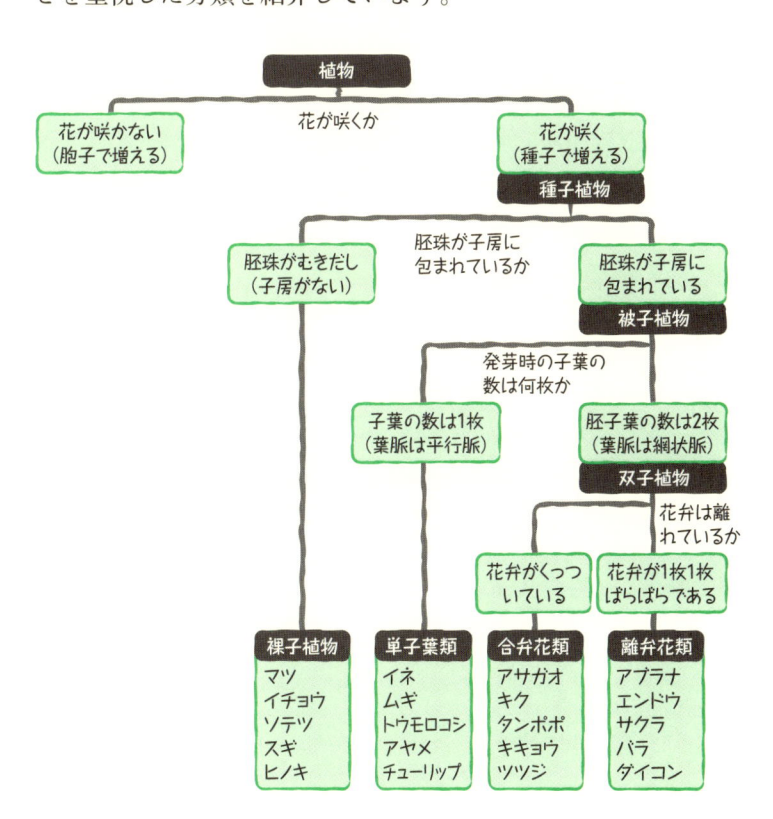

```
                        植物
          ┌──────────花が咲くか──────────┐
    花が咲かない                        花が咲く
    （胞子で増える）                    （種子で増える）
                                        種子植物
                    ┌──胚珠が子房に──┐
                    │  包まれているか │
              胚珠がむきだし          胚珠が子房に
              （子房がない）          包まれている
                                      被子植物
                        ┌──発芽時の子葉の──┐
                        │  数は何枚か       │
                  子葉の数は1枚          胚子葉の数は2枚
                  （葉脈は平行脈）        （葉脈は網状脈）
                                          双子植物
                                ┌──花弁は離──┐
                                │  れているか │
                          花弁がくっつ      花弁が1枚1枚
                          いている          ばらばらである
  裸子植物      単子葉類        合弁花類        離弁花類
  マツ          イネ            アサガオ        アブラナ
  イチョウ      ムギ            キク            エンドウ
  ソテツ        トウモロコシ    タンポポ        サクラ
  スギ          アヤメ          キキョウ        バラ
  ヒノキ        チューリップ    ツツジ          ダイコン
```

6. 花が咲かない植物を分類してみよう

　花が咲かない植物、つまり種を作らない植物はどのようにして、生殖するのでしょうか？　種子を作らない植物は、種子のかわりに胞子と呼ばれる生殖細胞によって個体を増やします。たとえば、シダの葉の裏を見ると、茶色っぽい粒上のものが並んでいます。これは胞子を作る胞子のうです。

　種子植物の生殖器官は花で、花粉がめしべにつくことで、水がなくても受精ができます。花が咲かない植物では、精子が卵に到達するにはどうしても水が必要です。水がある条件に着地した胞子だけが発芽し、生殖器官に相当する器官へと成長して、そこで卵と精子が作られます。水の中を泳ぐことで、精子は卵にたどりつき受精が完成します。

　花が咲かない植物には、**ソウ類**、**コケ植物**、**シダ植物**があります。まず、根・茎・葉の区別がしっかりしているものがシダ類です。維管束も発達しているので、生殖に水は必要ですが、少しくらいの乾燥には耐えられます。それに対して、ソウ類、コケ植物には、根・茎・葉の区別があいまいで、維管束もないので、体の表面全体から水分を吸収しています。

　ソウ類と**コケ植物**が分類される基準は生活場所です。ソウ類は完全なる水中生活で、コンブやワカメのように仮根と呼ばれる根にあたるもので、岩などにくっついているものもあれば、

水中に浮いているものもあります。コケ植物は、陸上に生活してはいますが、維管束がないので、シダ植物よりもさらに湿った場所でないと、水分を吸収できません。

コケは、よくじめじめしたところで見かけますが、日のよくあたる屋上などでも見かけることがあります。コケはからからに乾燥して、種子植物ならとっくに枯れているという状態になると、休眠状態に入って乾燥に耐えるのです。そして、雨が降れば、体全体で水分を吸収し、眠りから覚めて活動再開します。このように、コケはしたたかものなのです。

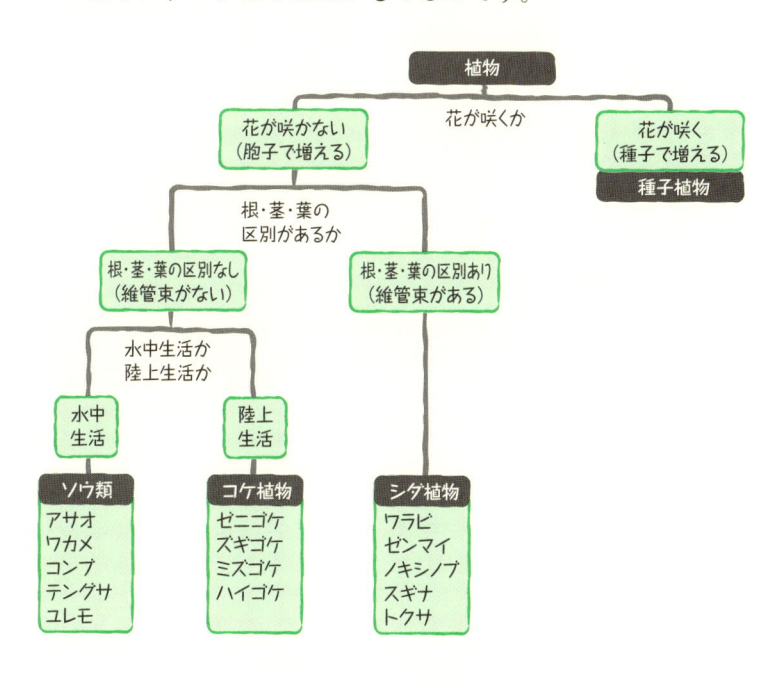

```
                    植物
         花が咲かない    花が咲くか    花が咲く
        （胞子で増える）              （種子で増える）
                                      種子植物
              根・茎・葉の
              区別があるか
     根・茎・葉の区別なし      根・茎・葉の区別あり
      （維管束がない）          （維管束がある）
       水中生活か
       陸上生活か
    水中      陸上
    生活      生活
    ソウ類    コケ植物    シダ植物
    アオサ    ゼニゴケ    ワラビ
    ワカメ    スギゴケ    ゼンマイ
    コンブ    ミズゴケ    ノキシノブ
    テングサ  ハイゴケ    スギナ
    ユレモ               トクサ
```

7. 動物はどう進化したの？

　40億年前に、初めて誕生した生命は単細胞生物でした。それから、35億年もたって、ようやく多細胞生物が繁栄することになりました。カイメンの仲間やクラゲの仲間はその当時からあまり体のつくりを変えずに現在まで生きてきているようです。

　動物は、居心地のよい母なる海からなかなか出ようとはしなかったのですが、4.4億年前に、陸上に進出した植物を追って陸に上がりました。これは植物を食べていたという事情があってのことです。陸上で生活するためには、乾燥を防ぐ皮膚、重力に耐えうる骨格、そして、空気中で呼吸をする器官系が必要です。これに適応したのが昆虫の仲間（**節足動物**）です。昆虫は地球上で最も繁栄したグループで、全動物種の70％を占めます。

　昆虫とは別に、背骨に支えられた体を持つことで繁栄したのが**セキツイ動物**です。節足動物の誕生と同じころ、背骨を持つ原始的は魚（**魚類**）が誕生しました。3.6億年前になると、陸上でも生活できる**両生類**が出現しました。両生類は、陸上生活といっても、水辺での生活を余儀なくされていたのに対して、さらに陸上生活に適した**は虫類**は、卵を陸に産むようになった最初のセキツイ動物です。水辺を必要としないは虫類は、乾燥した地域にも進出できたので繁栄をとげ、やがて、恐竜などの

超大型は虫類が生まれたのです。1.5億年前になると、恐竜の一部から**鳥類**が進化しました。2.5億年前、恐竜と同じ時代に、**ほ乳類**が出現しました。体温を保つことで、活動が向上し、胎内で子どもを守って産んでから母乳で育てるなど、ほ乳類は画期的なシステムを持っていながら、恐竜の時代にはなかなか繁栄できず、6500万年前の恐竜の絶滅に伴って、ようやくほ乳類はその生活場所を拡大することができました。5500万年前には、ほ乳類は急激にその種を増やし、ほ乳類の時代が訪れたのです。

先カンブリア時代	46億年前		多細胞生物の出現	無セキツイ動物の時代
	5.42億年前	カンブリア紀	魚類の出現	
古生代		オルドビス紀		
	4.88億年前			
	4.44億年前	シルル紀		魚類の時代
	4.16億年前	デボン紀	魚類の繁栄	
			両生類の出現	
	3.59億年前	石炭紀	は虫類の出現	両生類の時代
	2.99億年前	二畳紀		
	2.51億年前	三畳紀	ほ乳類の出現	
中生代	2.00億年前	ジュラ紀	大型は虫類の繁栄	は虫類の時代
			鳥類の出現	
	1.45億年前	白亜紀	大型は虫類絶滅	
	6600万年前	第三紀	ほ乳類の繁栄	ほ乳類の時代
新生代	260万年前	第四紀	人類の繁栄	
	現在			

第6章 生物を分類する

8．セキツイ動物を分類してみよう

　動物は大きくわけて、背骨を持っているセキツイ動物、背骨を持たない無セキツイ動物に分かれます。ここではセキツイ動物をさらに分類してみましょう。

　セキツイ動物を分類する基準は、まず個体の増やし方、体温調節のしくみ、呼吸のしかたです。これにより、**魚類**、**両生類**、**は虫類**、**鳥類**、**ほ乳類**に分けることができます。

　分類基準を順に見ていきます。個体の増やし方については、胎生と卵生の区別があります。胎生とは子は親に似た形で生まれてきますが、卵生とは卵で生まれてくることです。胎生はほ乳類のみが持つ特徴です。

　体温については、周囲の温度が変わっても体温が変わらない恒温と、周囲に合わせて体温も変わる変温があります。鳥類やほ乳類は、体が毛（羽毛）で覆われているので、体温の低下を防ぐことができる恒温動物です。

　呼吸のしかたに関しては、肺呼吸か、えら呼吸かが分類の基準になります。水辺でなくても生活できるは虫類、鳥類、ほ乳類は、肺呼吸のみで十分ですが、両生類はたとえばオタマジャクシのように、子ども時代を水中で過ごすので、えら呼吸をし、成長してカエルになると、肺呼吸をするようになります。もっぱら水中で暮らす魚類は、えら呼吸のみをする動物です。

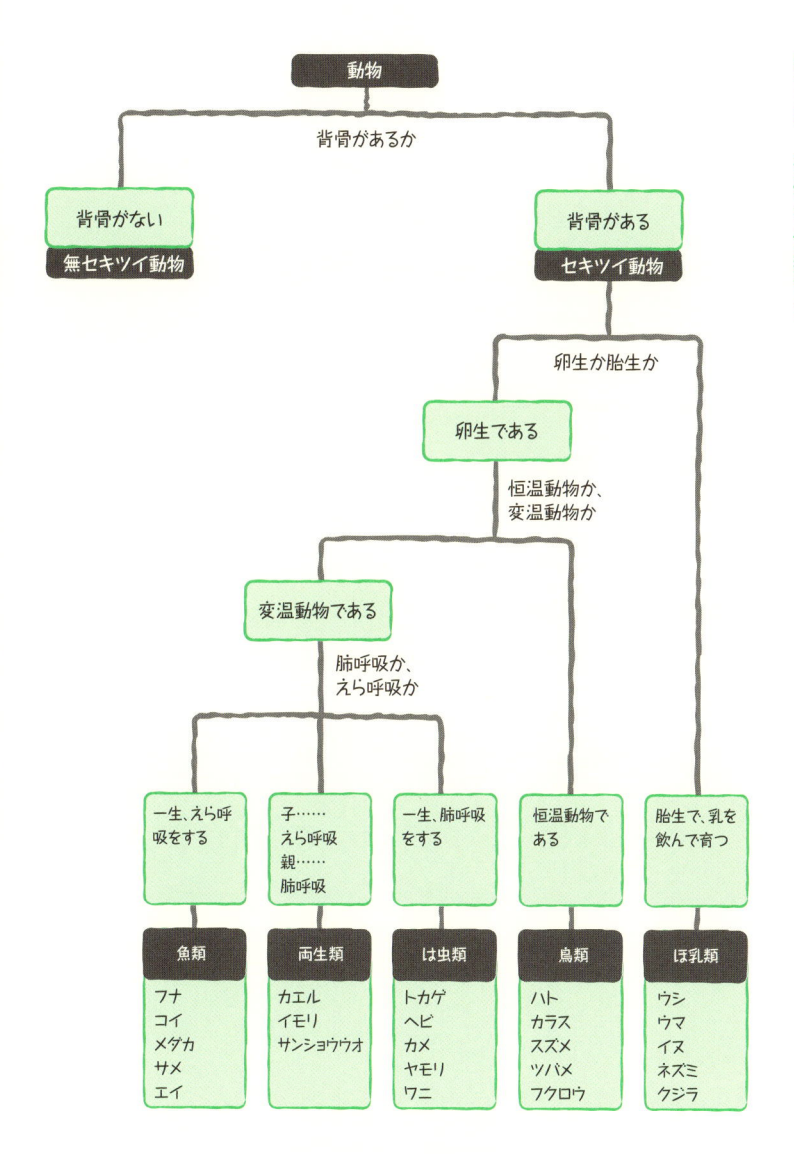

第6章 生物を分類する

```
                         ┌──────┐
                         │ 動物 │
                         └──────┘
                      背骨があるか
         ┌─────────────────┴─────────────────┐
   ┌──────────┐                        ┌──────────┐
   │ 背骨がない │                        │ 背骨がある │
   ├──────────┤                        ├──────────┤
   │無セキツイ動物│                        │ セキツイ動物 │
   └──────────┘                        └──────────┘
                                        卵生か胎生か
                                  ┌──────────┴─────┐
                            ┌──────────┐
                            │ 卵生である │
                            └──────────┘
                          恒温動物か、変温動物か
                    ┌──────────┴────────┐
              ┌──────────────┐
              │ 変温動物である │
              └──────────────┘
              肺呼吸か、えら呼吸か
```

一生、えら呼吸をする	子……えら呼吸 親……肺呼吸	一生、肺呼吸をする	恒温動物である	胎生で、乳を飲んで育つ
魚類	**両生類**	**は虫類**	**鳥類**	**ほ乳類**
フナ コイ メダカ サメ エイ	カエル イモリ サンショウウオ	トカゲ ヘビ カメ ヤモリ ワニ	ハト カラス スズメ ツバメ フクロウ	ウシ ウマ イヌ ネズミ クジラ

9. 無セキツイ動物を分類してみよう

　背骨を持っていない無セキツイ動物は、体に節があるかないか、体の表面が固い殻（外骨格）で覆われているか、あるいは、体が外とう膜と呼ばれる薄い膜で覆われているか、などの基準によって分類できます。

　体に節があって、外骨格で覆われている特徴を持つのが、**節足動物**と呼ばれ、昆虫、エビ・カニの甲殻類、クモ類や、ムカデなどの多足類が含まれます。体は丈夫な殻で包まれて、頭部、胸部、腹部、あるいは、頭胸部、腹部などに分かれ、足も節に分かれています。

　体に節があるのに、固い殻に覆われていないのが、**環形動物**です。体は細長く多くの体節からできていて、ミミズや釣りの餌に使われるゴカイはこの分類に入ります。

　体に節がなく、体が外とう膜で覆われている動物は**軟体動物**です。軟体動物にはイカ・タコの仲間である頭足類が分類されますが、アサリやホタテなど二枚貝の斧足類や、サザエやアワビなど巻き貝の腹足類といった貝の仲間も軟体動物なのです。固い貝殻の内側は外とう膜で包まれています。

　体に節もなく、外とう膜もない、その他の無セキツイ動物には、皮膚に石灰質の棘を持つウニやヒトデの仲間（棘皮動物）や、口と肛門の区別がなく食べ物の出入り口が1つしかないク

ラゲやイソギンチャクの仲間（刺胞動物）などがいます。

　植物の分類のところでもお断りしたように、ここでの分類は、わかりやすさを重視していて、7階級の分類にこだわらない分類をご紹介しました。

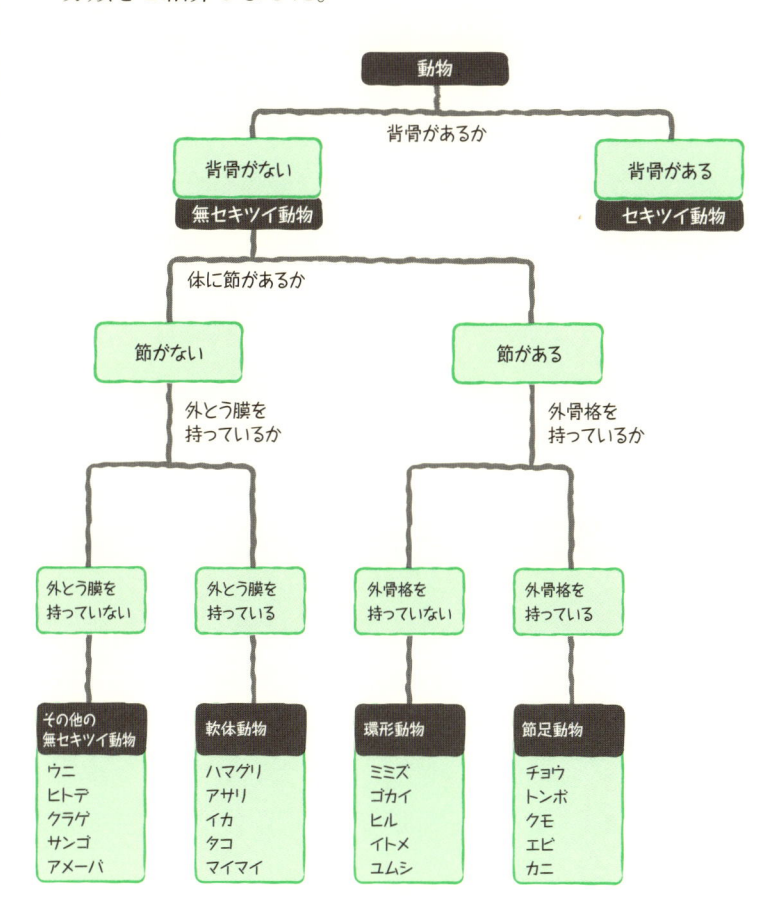

```
動物
├─ 背骨があるか
│
├─ 背骨がない（無セキツイ動物）
│   └─ 体に節があるか
│       ├─ 節がない
│       │   └─ 外とう膜を持っているか
│       │       ├─ 外とう膜を持っていない
│       │       │   └─ その他の無セキツイ動物
│       │       │       ウニ
│       │       │       ヒトデ
│       │       │       クラゲ
│       │       │       サンゴ
│       │       │       アメーバ
│       │       └─ 外とう膜を持っている
│       │           └─ 軟体動物
│       │               ハマグリ
│       │               アサリ
│       │               イカ
│       │               タコ
│       │               マイマイ
│       └─ 節がある
│           └─ 外骨格を持っているか
│               ├─ 外骨格を持っていない
│               │   └─ 環形動物
│               │       ミミズ
│               │       ゴカイ
│               │       ヒル
│               │       イトメ
│               │       ユムシ
│               └─ 外骨格を持っている
│                   └─ 節足動物
│                       チョウ
│                       トンボ
│                       クモ
│                       エビ
│                       カニ
└─ 背骨がある（セキツイ動物）
```

10. 動物でも植物でもない菌類とは？

　生物の分類の最も大きなカテゴリー「界」で、生物を分けようとしたときに、植物界と動物界の2つだけが長い間認められてきました。この項の主役である**菌類**も長い間、植物界に分類されていました。しかし、菌類は葉緑体を持たず、つまりは光合成ができず、細胞外に分解酵素を出して、有機物を分解（体外消化）し、栄養分を吸収しています。植物のようにいくら動かないとはいえ、とうてい植物とは言い難い特徴を持っているので、**菌類**は、植物界、動物界からは独立させ、一般的に**菌界**に属するものとするようになりました。

　分類学の立場に立つと、19世紀末頃から、界の再編成がしばしば行われ、生物の分類自体もいまだ「進化」しているようです。ここでは、次章の生物のつながりを考える上で、理解しやすいように、植物界、動物界、菌界という分類に立ってお話をすすめます。

　菌界に属する菌類には、カビの仲間とキノコの仲間が含まれます。菌類の体は菌糸と呼ばれる細い糸のようなものでできています。キノコの柄とかさも菌糸が寄り集まって大きな塊になったものです。菌類は**胞子**で増えます。胞子は、湿り気があって、温度が適当だと発芽し、菌糸を伸ばし、他から栄養分を吸収して繁殖するのです。

このように、他の生物に付着して養分を得る生活のしかたを寄生といいます。適齢期を過ぎても結婚せずに親元で暮らす人のことをパラサイト・シングルと呼びますが、英語のparasiteは**寄生**を意味します。

　全世界で発見されている菌類は約8万種で、これは地球に存在する菌類の5％に過ぎないと言われています。つまり、まだまだ私たちには発見されていない菌類がたくさん存在するのです。みそ、醤油を作るのに使われるコウジカビや、酒、パンなどを作るのに使われる酵母菌など、私たちは菌類にはたいへんお世話になってきています。これから、さらにすばらしい能力を持った菌が発見されて、私たちの生活の向上に役立つ可能性もあるのです。

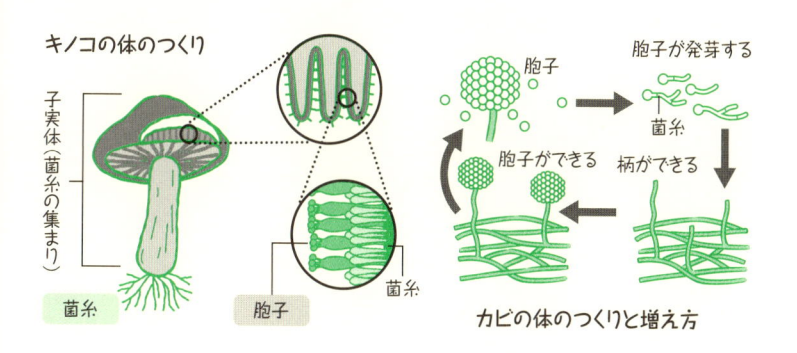

キノコの体のつくり

子実体（菌糸の集まり）
菌糸
胞子
菌糸

カビの体のつくりと増え方

胞子 → 胞子が発芽する → 菌糸 → 柄ができる → 胞子ができる

11. 細菌は菌類ではない？!

　菌と聞くと、病気を起こさせる病原菌のことが真っ先に頭に浮かぶと思います。しかし、病原菌は菌類ではなく、別のグループの**細菌類**に入ります。現在進行形の「界」の再編に伴う複雑な話は抜きにして、ここでは、植物界、動物界、菌界と同列にあたる、**細菌類**というグループがあるとだけ述べておきます。菌類と細菌類はまったく別のカテゴリーに入ることを確認しておいてください。

　細菌類は、菌類と同様に、体外消化をし、有機物を細胞内に取り入れて生活しています。いわゆる寄生です。細菌類は、すべて単細胞生物で、細胞分裂によって増殖するので、胞子で増える菌類とはまったく異なる増殖方法をとっています。その分裂のしかたは非常に速く、温度や栄養分などの条件が整っていれば、20分に一度分裂ができるので、1時間で8倍、8時間後には10億倍まで増殖することが可能です。

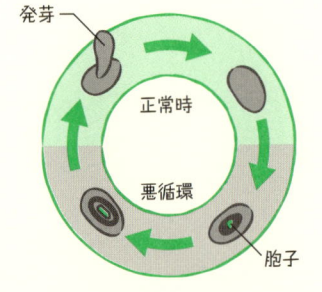

　細菌類は、水深1万mから、地上1万mまで、水さえあればどこにでも生息します。ただし、乾燥と高温には弱く、生存が危うくなると、固い殻を持った胞子になって、厳しい環境を乗

り切ろうとします。

　病原菌は、ヒトを含む生物に寄生して、そこから栄養分を取り入れて生きていきます。体外消化を行うための酵素の分泌は非常に活発で、寄生された側の生物の体を破壊したり、強い毒素を出したりして、病気を起こします。たとえば、セキリ菌、コレラ菌、また夏場に食中毒を発症させるO157は大腸菌で、これらはすべて細菌類に属します。

　病気を起こす病原菌など、どうしても悪いイメージが先行する細菌類ですが、細菌類のうち、病気を起こす病原菌はほんの一部にすぎません。食品の加工や医薬品として、ヒトに役立つ有益な菌も少なくないのです。

　たとえば、乳酸菌は乳酸飲料の製造には欠かせません。また細菌が分泌する物質を、抗生物質として、医薬品に使っています。抗生物質は、カビや細菌の生育や繁殖を防ぐものなので、細菌の感染による病気には効果がありますが、ウイルスの生育や繁殖は妨げることができないので、ウイルス性の病気には、いくら抗生物質を飲んでも効果はゼロです。抗生物質は万能ではないということです。抗生物質を乱用していると、突然変異によって、抗生物質に対抗できるカビや細菌が進化してくる恐れもあるので、注意が必要です。

コラム

地球の誕生から現在までを1年にたとえると……

　2009年は、進化論の父ダーウィンの生誕から200年にあたる年です。ここで、地球の年齢である46億年を1年とし、地球誕生を1月1日、今現在が大みそかとして地球カレンダーを眺めて、地球の進化を実感してみましょう。

　先日、米航空宇宙局（NASA）が宇宙のチリの中に、生命誕生に欠かせないアミノ酸を発見し、隕石衝突によって地球上に命がもたらされた可能性を発表しました。その生命誕生は、40億年前、地球カレンダーでは1月半ばにあたります。

　植物の祖先である光合成生物の誕生により、地球が酸素に覆われるようになったのが27億年前、つまり半年もの間地球には酸素がなかったのです。それからオゾン層が形成されて、生物が陸上に上がってきたのが4.4億年前、すでに11月も終わりです。こうしてみると、地球の大気に酸素が蓄積されるのに長い年月がかかっているのがよくわかります。

　人類の出現は、大みそかの午後11時半ごろにあたります。科学技術の発達の象徴、産業革命は午後11時59分58秒です。それからわずか1秒あまりで、現在に至るのです。

　私たち人類は1年かけて築かれた地球というかけがえのない環境を、わずか1秒あまりで破壊しようとしています。そう考えるとあらためて驚かされます。

第7章

生物はつながっている

1. 地球は最大の生態系

　日常会話の中でも、ヒトは1人では生きられないから……というフレーズを使うように、ヒトに限らずほとんどの生物は集団を作って暮らしています。生物集団の生活範囲は、森、湖、川など、おおまかな区切りがあるものです。いくつかの生物集団が同じ生活範囲に暮らすとなると、縄張り争いや餌の奪い合いなど、生物は**競争**を避けられません。一方、花とミツバチとの関係のように、お互いに協力し合う**共生**も見られます。
このように生物集団同士は深く影響し合っています。また生物集団は、他の生物集団同士だけでなく、周りの環境からの影響を受けながら生活をし、そして、環境もまた生物から影響を受けることになります。このような、1つのまとまりのある環境とその中で生活をしている集団全体を**生態系**と呼びます。地球は最大の生態系といえるでしょう。

　近年、地球環境問題への関心はますます高まっていて、ここかしこで「エコ」という言葉を耳にします。今やエコは、地球に優しい、地球の環境を保護するという意味で使われているように聞こえます。エコとは、英語のエコロジーEcologyの略語で、元はと言えば、生態学、つまり生態系に関する学問分野をさしているのです。

　私たちヒトも、生物である以上、生態系の一員です。ヒトが

文明を築き上げるには、自然を自分たちの都合のいいように変えざるを得なかったようで、その身勝手な行動は今もなお続いています。ヒトはひときわ大きな影響力を持った生態系の一員なのかもしれません。

たとえば、クラスにガキ大将がいたとしましょう。ガキ大将の勝手なふるまいは、ある程度までは、クラス全体に許容されてきましたが、クラスとしてはもう限界、これ以上耐えられずにクラスが崩壊寸前であるところを想像してみてください。それと同じように、地球でのヒトの勝手なふるまいに対して、地球がねをあげています。地球温暖化のような形で、地球からその苦痛を訴えられて、ヒトは生態系での自らのふるまい方を見直す時期がきていることにようやく気づいたところです。

この章では、生態学＝エコロジー、生物同士のつながりについてお話します。生態学を通じて、あらためて「エコ」を考えるきっかけになればと思います。

2. 生産者としての植物と消費者としての動物

　生態系での生物同士のつながりの中で、植物は、光合成によって、二酸化炭素と水から生物の栄養として欠かせないブドウ糖やデンプンなどの有機物を作ることができる存在です。植物は自分自身で有機物を作り出すことができるので、自然界における**生産者**と呼ばれます。

　それに対して、動物は光合成ができず、自分で有機物を作ることができません。となると、植物が作った有機物を頂戴するしか手はありません。動物は、植物を食べることによって、植物の作った有機物を体内に取り入れます。植物の作った有機物を消費するという意味で、動物は自然界における**消費者**と呼ばれます。

　生産者である植物を直接食べる草食動物のことを第一次消費者、第一次消費者を食べる肉食動物を第二次消費者、第二次消費者を食べる肉食動物が第三次消費者と、順に高次消費者になっていきます。第一次消費者は植物の作った有機物を直接取り入れているのに対して、第二次以降の消費者は、植物から直接ではなく、間接的に取り入れていることになります。

　植物は自力で生きていくことができますが、動物は常に他の生物を食べなければ、生きていくことができません。自然界のさまざまな生物は、食う‐食われるの関係で、鎖のようにつながっ

ています。このつながりを**食物連鎖**と呼んでいます。たとえば、水田を眺めてみると、図のような食物連鎖が見えてくるでしょう。

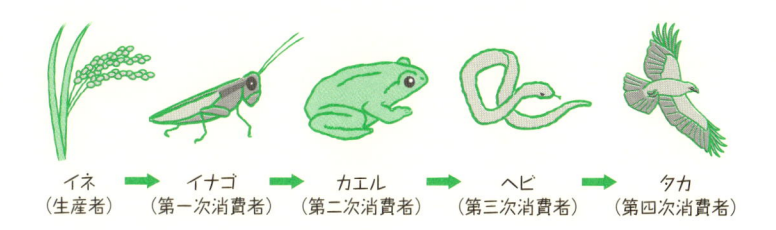

イネ → イナゴ → カエル → ヘビ → タカ
（生産者）（第一次消費者）（第二次消費者）（第三次消費者）（第四次消費者）

　食物連鎖の出発点は常に植物です。動物の餌は1種類ではなく、複数の餌を食べているので、その結果、食物連鎖は1本の鎖というよりは、網目のように絡み合っていて、**食物網**といったほうが適しています。鎖であれば、その1カ所が切れれば、その鎖でつながった生物すべてが死に絶えるでしょう。複雑な網であればこそ、生物同士のつながりは安定しているのです。

3. 分解者としての菌類・細菌類

　土の中のミミズやダンゴムシなどの小動物は、枯れ葉や落ち葉あるいは動物の死骸や動物の糞を食べて、エネルギーを得ています。土の中の生物の間にも食物連鎖が成り立っています。

　食物連鎖によっても使い切れなかった有機物は、さらに菌類、細菌類が利用します。菌類や細菌類の生活パターン＝寄生によって、有機物を無機物にまで分解するのです。そのため、菌類、細菌類は、生産者、消費者に対して、**分解者**と呼ばれます。

　緑色植物は、光合成によって有機物を作り、動物は直接または間接的に植物が作った有機物を利用します。分解者によって、有機物が分解されると、二酸化炭素、水、窒素化合物などの無機物になります。二酸化炭素は、生産者の光合成の材料として利用され、窒素化合物は植物の体を作る材料として、根から水とともに無機養分として吸収されます。このように、生態系では、生産者が無機物から有機物を合成して供給し、消費者がそれを利用し、分解者が有機物を無機物に分解して生産者に供給するという、見事なリサイクルシステムが成立しているのです。

菌類、細菌類と聞くと、病原菌、寄生などあまりいいイメージではありません。しかし、生態系では、生産者、消費者、分解者の関係がバランスよく働くためには、菌類、細菌類の存在はかけがえのないものです。分解者がいなければ、生物の死骸も糞も、いつまでも生態系にそのまま残ってしまうことになるでしょう。つまり分解者は、生態系への無機物の供給だけでなく、生態系の浄化という役割も担っています。

　分解者としての菌類、細菌類は、直接、枯葉や死骸を無機物に分解することもありますが、たいてい分解は段階を追って進行していきます。まずは土の中に棲む大型の土壌生物が枯葉、死骸を食べて糞を出します。さらに小型の土壌生物、たとえばダニがさらに小さな糞にします。この繰り返しによって、有機物が細かくなっていき、やがて土壌は腐葉土から腐植土になります。ただミミズやダニのような土壌生物は、有機物を細かくしていますが、有機物を無機物にしているわけではありません。つまり、それらの土壌生物は、分解者ではなく、立場としては消費者です。分解者はあくまで、有機物を無機物とすることができる菌類と細菌類のみです。

　死を迎えることを「土に還る」といいますが、この表現は、ただ土に埋葬されるという意味だけではなく、生物学的にも分解者の力を借りて、生態系のリサイクルシステムに乗ることを示しているのかもしれません。

4．生態ピラミッドはなぜ崩れないの？

　食物連鎖を構成する生物の量的関係を図で表すと、下の図のようにピラミッドの形になります。これを生態ピラミッドと呼んでいます。個体数をとっても、生物量（生物全体の質量）をとっても、このピラミッドの形は成り立ちます。

　食物連鎖の量的関係を見ると、連鎖の出発点である生産者（植物）は数量が最も多く、上位の消費者になるほど、その数量は減っていき、大型の肉食動物が頂点に位置します。

　食物連鎖を構成している生物の数量は、時期によって多少の変動はありますが、長い目で見ると、ほぼ一定の状態でバランスをとっています。光合成によって生きている緑色植物にとっては、土の中の無機養分や光の量などに限りがありますし、動物の場合も、餌とする生物の量によって生存できる数量に限りがあるので、ある特定の生物だけが際限なく増えることはありません。

　また、生態ピラミッドの下に位置する生物（餌）の量と、上に位置する生物（天敵）の量がお互いに影響し合うので、ある動物だけが増え続けたり、

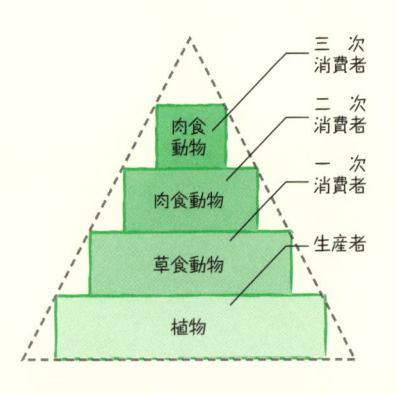

減り続けたりすることがないのです。

では、草原の草とシカとピューマを具体例にその関係を見てみます。何かの原因で、シカが異常発生をして爆発的に増えるとします（ⓑ）。すると、ピューマにとっては、餌が増えるので、ピューマは増えて、シカの餌である草は食べられて減ります（ⓒ）。やがて、シカにとっては、天敵のピューマは増えるし、餌は減るし、という状況になるので、爆発的に増えたシカも減ってきます（ⓓ）。すると、シカと一緒に増えていたピューマも減ってきて、逆に、減っていた草は増えることになるのです（ⓐ）。結局、時間をかけて、もとの釣り合いを保つ方向へと向かいます。

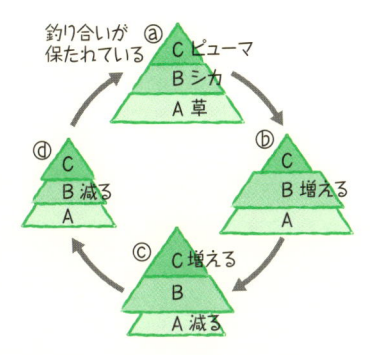

生態系の食物連鎖は複雑で、生態ピラミッドは簡単に操作できるものではありません。たとえヒトにとって害がある生物が存在するとしても、ピラミッドの大切な構成員として、生態系のバランスを保つ重要な役割を果たしているので、簡単に駆除したりすると、後で手痛いしっぺ返しを食らうことになりかねません。

5. 炭素と酸素はどのように循環するの？

　生態系とは、生物的要素（生産者、消費者、分解者）と環境的要素（大気、水、土壌、光）で成り立っています。これらの間を食物連鎖などを通して、さまざまな物質が循環しています。

　炭素は、生物にとって、三大栄養素である炭水化物、タンパク質、脂肪という有機物に含まれる重要な元素の１つです。まず生産者は、大気中から二酸化炭素を取り入れて、光合成によってデンプンなどの有機物を合成します。有機物の一部は生産者自身の呼吸によって分解され、再び空気中に戻ります。

　またその一部は、一次消費者（草食動物）に食べられ、そして一次消費者は二次消費者（肉食動物）に食べられたりと、生物間を移動していきます。さらに一部は、落ち葉などとして地上に落ちて、分解者の働きにより、二酸化炭素となって大気中に戻ります。当然、一次および二次消費者の呼吸によっても、有機物は二酸化炭素となります。また消費者の排泄物や死骸も土に戻って、これら有機物も分解者によって二酸化炭素に戻されます。

　このように生産者によって、二酸化炭素の形で取り込まれた炭素は有機物となり、有機物の形で生物の間を移動します。そして呼吸によって、再び大気に戻るという循環が成立しています。

酸素についても炭素と同じように生態系を循環をしています。空気中の酸素は、呼吸の材料として生物の体内に取り入れられて、生物の呼吸によって、有機物を分解する際に、酸素から水へと変換されます。水分子に入った酸素は、たとえば、土の中を移動し根から生産者の体内に取り込まれます。水分子の酸素が、光合成を通して、再び酸素として大気中に戻されるのです。

　このように、酸素（分子）は、呼吸を通して水になり、光合成を通して、再び酸素（分子）となる循環が成立しています。

　炭素や酸素は、光合成や呼吸を伴う食物連鎖によって、生物的要素（生産者、消費者、分解者）と環境的要素（大気、水、土壌、光）の間を循環しているのです。

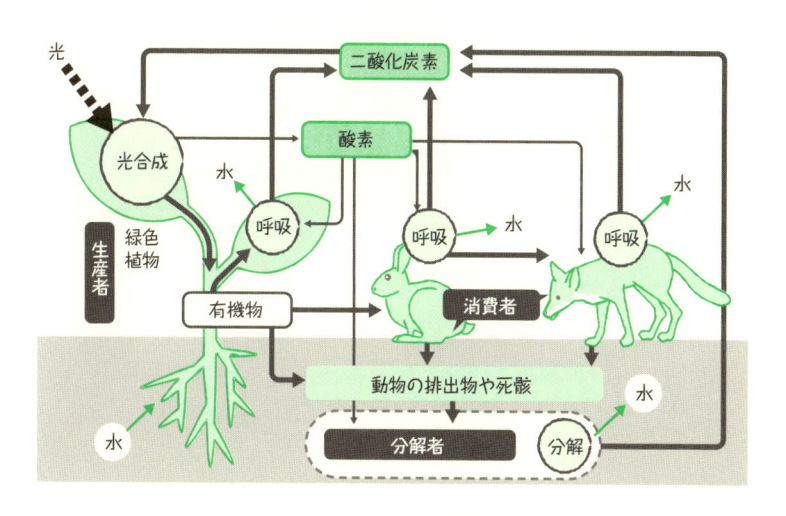

6. 窒素はどのように循環するの？

　窒素は、生物の体を作るタンパク質の原料として重要な元素です。生物に窒素を取り入れるのもやはり生産者です。生産者は光合成で作った炭水化物と、根から吸収した窒素化合物（硝酸塩など）を材料にタンパク質を合成します。そして、タンパク質は、食物連鎖に乗って、生産者→一次消費者→二次消費者へと移動していきます。消費者は、タンパク質を摂取し、アミノ酸に消化して吸収します。

　一方、生産者や消費者の死骸に含まれているタンパク質や、消費者の排泄物となった尿素（有機物）は、分解者の働きで、アンモニアに分解されて、さらに、再び生産者が利用できる窒素化合物になって、土中に戻ります。植物の代謝の項でもお話したように、この窒素化合物が、植物に必要な無機養分、つまり肥料というわけです。

　このように、無機物として植物に吸収された窒素は、タンパク質として生物間を移動します。そして、分解者の働きによって再び無機物となって、植物の根から吸収されるというように、見事な循環が成立しています。このとき、個々の生物の体の中では、アミノ酸として吸収され、自分たちに必要なタンパク質に組み立て直されることは、動物の代謝の項で、お話したとおりです。

ところで、窒素（分子）は、空気中の実に80％近くを占める気体であるにもかかわらず、ふつうの生物は窒素を直接取り入れることができません。大気中の窒素を直接生体内に取り入れることができるのは、マメ科の植物の根につく根粒菌という細菌です。根粒菌は、空気中の窒素を取り入れて、そこから窒素化合物を作ることができます。この働きを窒素固定といいます。

　根粒菌は窒素固定した窒素化合物をマメ科の植物にあげるかわりに、植物から糖などのエネルギーをもらっています。見事な協力体制であり、共生といえます。マメ科に属するレンゲ草の種を、稲刈りが終わった田に蒔いて、春に花が咲いた後に、土と一緒に耕す「すきこみ」という農法があります。耕された土には、根粒菌が合成した窒素化合物がたくさん含まれたレンゲ草の根が入っています。つまり、「すきこみ」によって、植物に必須な無機養分の1つである窒素が豊富な土になるのです。

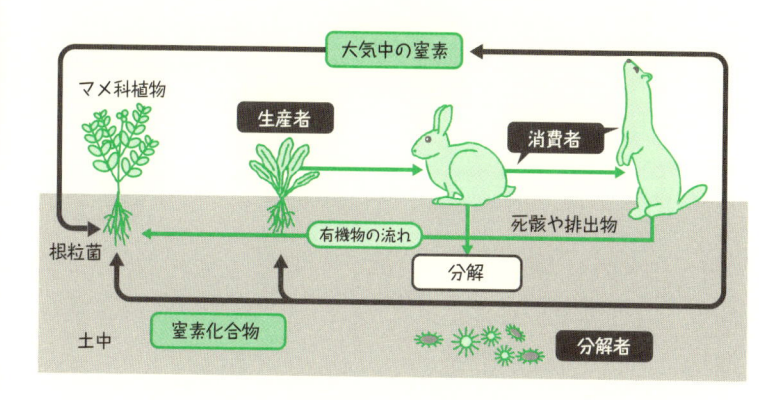

7. 環境ホルモンっていったいなに？

　通常、生物の排出物は、分解者の浄化作用によって、自然に戻っていきます。ただ、重金属や人工的に作られた物質の中には、自然の働きでは分解が不可能なものもあります。しかも、分解されにくいが故に、体内に蓄積されやすく、食物連鎖を通じて、生物の体に濃縮されていきます。特定の物質が外部の環境に比べて、生物体内で高濃度に蓄積される現象を**生物濃縮**といいます。

　1950年代に、熊本県の水俣湾で捕れた魚を食べた人々が、中枢神経中毒を起こしました。水俣病として知られる公害病です。工場が水俣湾に廃棄した排水に含まれていたメチル水銀という重金属が生物濃縮した結果起きた悲劇です。

　現在では、重金属ばかりでなく、人工的に作られた物質の中で、本来のホルモンのふりをして生体を攪乱、混乱させる物質についての懸念が高まっています。それは、内分泌攪乱化学物質、いわゆる**環境ホルモン**と呼ばれるもので、現在70種類程度の化合物が環境ホルモンとしての疑いを持たれています。

　ホルモンの作用については、4章でお話ししたように、ホルモンが作用するためには、受け皿である受容体と結合して初めてその作用を発揮します。環境ホルモンとは、本物のホルモンと構造が似ているため、受容体に間違えて結合してしまうこと

で、生体に混乱をきたすのです。環境ホルモンと呼ばれる物質はたいてい分解されにくく、食物連鎖を通して体内に入ると、生物濃縮を起こすことが知られています。

たとえば、環境ホルモンとして指摘されているものに、ダイオキシン類があります。ガンや先天性の異常などのさまざまな健康被害を生じさせる可能性が懸念されている物質です。ダイオキシン類は、プラスチック類を燃やす時に発生することが明らかになって、世界各国でごみ焼却に伴うダイオキシンの発生と環境汚染の問題に対して、対策がとられるようになってきています。

地球はひとつの生態系です。どこかで有害物質が出れば、必ずどこかで被害が発生しているはずです。ヒトは食物連鎖の頂上に位置しているので、ひときわ深刻な生物濃縮による被害を受ける可能性があることを理解しておくべきでしょう。

8．生態系のバランスを破壊する原因とは？

　生態系は、絶妙のバランスを維持しています。そのバランスが破壊されると、元の形に戻るには長い年月を必要としたり、時には二度と元に戻らない場合があります。バランスが崩れるとすれば、その原因は何でしょうか？

　まず考えられるのは、自然現象によるバランスの破壊です。火山の噴火、山火事、洪水など、広範囲にわたって生態系の環境的要素が壊されると、生物的要素（生産者、消費者、分解者）は直接的に被害を受けなかったとしても、環境の破壊によって死滅に追い込まれる生物種も出てくることがあります。そして、それが生態系のバランスの破壊につながることがあるのです。

　第2にあげられるのは、もともとその生態系に存在していなかった生物が、新たに生態系に入ってくることによって、バランスが崩されるケースです。

　外国から入ってきた生物のこと外来生物と言いますが、外来生物は、もともとその生態系にいなかったわけですから、天敵も存在しません。つまり、餌と天敵の関係が生み出す調節を受けることなく、ヨソ者であるのに大繁殖を果たしては、生態系のバランスを簡単に崩してしまうのです。

　身近なところではシロツメクサやアメリカザリガニも外来生物です。現在日本では、外来生物法によって特定外来生物の飼

育や栽培を禁止しています。特定外来生物リストには100種近い生物がリストアップされています。外来生物を入れない、捨てない、拡げない！が外来生物による生態系破壊を防ぐ3原則と言われています。

そして第3に、私たちヒトによって生態系はしばしば破壊されています。自分の都合のいいように、害虫を駆除しようと農薬を使ったり、開発のために森林を伐採しては、あとで思わぬ甚大な被害を被る場合があります。今しきりに取り上げられている地球温暖化も、まさしくヒトによってもたらされた生態系の破壊の結果にほかなりません。

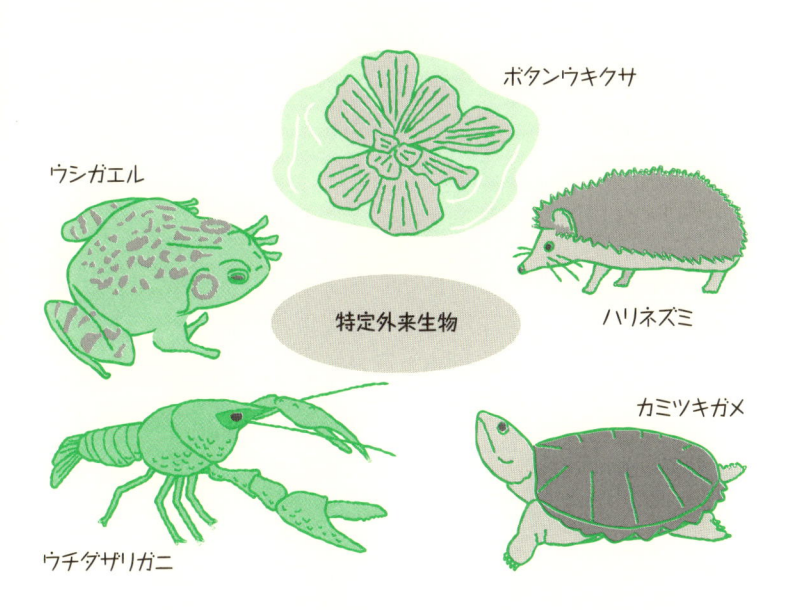

ボタンウキクサ
ウシガエル
ハリネズミ
特定外来生物
カミツキガメ
ウチダザリガニ

9. 地球はこんなにも熱くなっている！

地球温暖化とは、地球という最大の生態系がバランスを崩している状況です。地球が太陽から受け取る熱の量と、地球が宇宙に放出する熱の量は、地球誕生から保たれてきたので、平均気温が急激に変動することはありませんでした。ところが、20世紀に入ってから、気温の上昇が特に著しく、この原因は、大気中の**二酸化炭素濃度**が上昇したためと言われています。

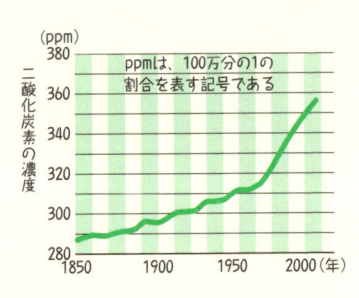

二酸化炭素には、もともと、地表から出て行く熱の一部を吸収して、地球外への放熱を妨げる働きがあります。つまり、大気中の二酸化炭素濃度が高くなると、気温が高くなるのです。これが**温室効果**と呼ばれる現象です。

大気中の二酸化炭素濃度も、生物の光合成と呼吸の関係によって、常にバランスがとられていました。しかし、18世紀の産業革命以降、石炭や石油の使用量が爆発的に増えたのに伴って、大気中の二酸化炭素の濃度が高くなりはじめ、特にこの50年くらいの増加は急激です（上の図）。また二酸化炭素濃度上昇の原因は、化石燃料の大量消費だけでなく、開発による大規模な森林伐採によって、緑色植物が失われたため、光合成によって

吸収される二酸化炭素量が激減していることも原因とされています。とりわけ、熱帯雨林の減少は深刻な問題です。つまり、この50年あまり、二酸化炭素の排出量は増え続け、さらに、二酸化炭素を吸収する受け皿はなくなる一方で、大気中の二酸化炭素濃度は高まるばかりなのです。

このように、温室効果などによって、地球全体の表面温度が上昇する現象が**地球温暖化**です。下の図のように、この100年間で、平均気温は0.6℃上昇しました。今後100年で、さらに3℃上がるとの予想があります。約1万年前の氷河期でさえ、現在よりわずか5℃低いだけでした。1万年かけて5℃上昇したものが100年で3℃の上昇する事態とは、地球の歴史上いかに異常な事態か想像できるでしょう。

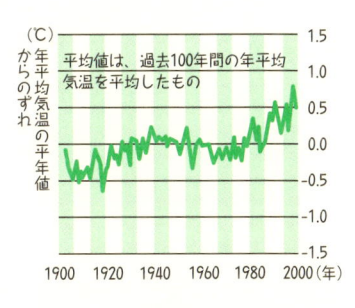

気温が上昇して、南極の海氷の4分の1が消滅したとも、アルプスの氷河も150年前の半分にまで減少したともいわれ、海水面の上昇により、低地が水没する恐れがあります。海面が30cm上昇すると、日本の砂浜の6割は海の中に沈んでしまうのです。

私たちヒトは、生態系の一員としての自覚をもって、この問題の解決に取り組むべきなのです。地球全体が足並みを揃えなければ、地球という生態系の未来はないのですから。

コラム

絶滅が危惧される野生動物たち

　1962年にレイチェル・カーソンが名著『沈黙の春』を発表しました。「自然は沈黙した。薄気味悪い。鳥たちはどこへいってしまったのか、春がきたが、沈黙の春だった」という一節はあまりにも有名です。この本は、化学物質による環境汚染、生態系の破壊を警告した最初の本で、地球環境問題のパイオニアともいえるでしょう。

　現在は、鳥がどこかへいってしまった……ではすまされない事態に直面しています。世界的にみても野生動物の絶滅の問題は深刻です。先日もテレビのニュースで、ケニアのライオンの減少がここ数年著しいとの懸念の報道を耳にしました。

　国際自然保護連合は絶滅の恐れのある野生生物の現状をまとめた「レッドリスト」を発表しています。2008年の調査対象であった約4万5000種の生物のうち、絶滅の恐れのある生物は、約1万7000種にのぼります。ほ乳類でも、1141種が絶滅の危機に瀕しています。その中には、ジャイアントパンダ、レッサーパンダなど、動物園で人気のある動物も含まれているのです。

　トキは、学名が「ニッポニア・ニッポン」といって、日本を代表する鳥でしたが、純粋な日本産トキは残念ながら絶滅してしまいました。第2のトキを出さない努力が大切です。

第8章 生物を操作する

1. 遺伝子操作で新種の生物は作れるの？

　ヒトは古くから、自分たちにとって有用な形質を持つ植物や動物を選択的に交配させる方法で、品種改良を行ってきました。たとえば「害虫に強いトマト」と「甘いトマト」を、長い年月をかけて何回も交配します。選別を繰り返した結果、「害虫に強く甘いトマト」へと品種改良ができたとしましょう。これはまさに、古典的なバイオテクノロジーです。現在では、さらに一歩踏み込んで、遺伝子そのものを操作する手法が盛んに使われています。つまり、害虫に強い遺伝子と甘い遺伝子を見つけ出して、両方の遺伝子を組み入れたトマトを作ろうというのです。

　生物の形や性質を決めているDNAは、どの生物にも共通の物質です。しかもDNAに刻み込まれている遺伝子の情報は、生物種を超えて共通のルールで解読されます。塩基配列の違いが、かたや大腸菌、かたやヒトを生み出しているということです。原理的には、遺伝情報を解読して、その配列を切り取ったりつなぎ合わせたりすると、種の壁を超えて、他の生物の遺伝子をもった新しい生物を作ることが可能になったのです。つまり、人工的に突然変異を生み出す技術が、遺伝子組み換えの技術です。

　遺伝子組み換え技術の基本は、「DNA配列の切り貼り」なの

で、ある特定の塩基配列を認識してDNAを切断する「はさみ」と、DNAの断片をつなぎ合わせる「のり」が使われます。このはさみものりも、どちらも酵素なので、DNAであれば、大腸菌のDNAであろうとヒトのDNAであろうと、切り貼りすることが可能です。つまり、ヒトから一部のDNA配列を取り出して、大腸菌の配列に組み込むことも可能なのです。実際、ヒト型のインシュリン遺伝子を組み込まれた大腸菌は、ヒトインシュリンをたくさん作ってくれるので、大腸菌が作ってくれたヒトインシュリンは糖尿病の治療に使われています。

　生物は遺伝子を変化させながら自然環境に適応してきました。これが進化です。あるときから、ヒトは自らの遺伝子を変えるのではなく、道具を使って、自然環境をヒトの都合のいいように変えはじめました。その歪みが生態系の破壊として現れてきているのは、先にお話したとおりです、今やヒトは自然環境のみならず、遺伝子そのものを操って、生命までも改変しはじめたのです。

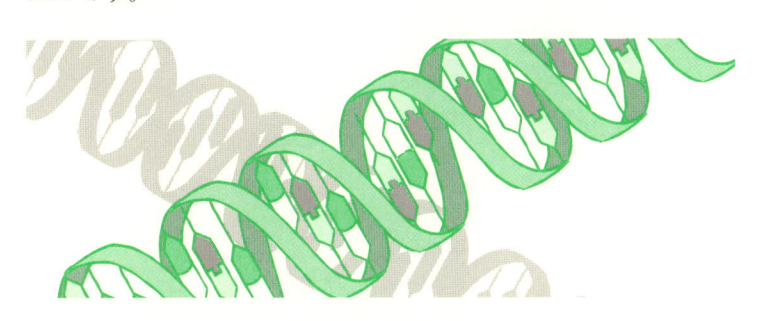

2．遺伝子組換え作物は本当に安全なの？

　「この製品は遺伝子組換え作物を使用していません！」とわざわざ宣言している商品を、スーパーの陳列棚で見かけたことがありませんか？　使っていないことをアピールするということは、逆に、遺伝子組換え作物は危険ですというメッセージのように見えてきます。

　世界で初めて商品化された遺伝子組換え作物は、日持ちがよくなるトマトでした。トマトが熟すとは、細胞と細胞の間にあるペクチンが酵素分解されて柔らかくなる状態です。このペクチン分解酵素の働きを抑えてやれば、トマトは柔らかくならないのでは？　という発想のもと、ペクチン分解酵素の働きを抑える遺伝子が導入された「遺伝子組換えトマト」が作られて、実際に、日持ちのいいトマトができました。この程度であれば、従来の品種改良とさほど変わりない印象で、消費者に違和感なく受け入れられるかもしれません。しかし、細菌が持つ除草剤や害虫への抵抗性を持つ酵素の遺伝子を組み込んだ作物と言われると、かなり抵抗を感じるのではないでしょうか？

　遺伝子組換えダイズは、日本でも多く輸入されていて、納豆、みそ、きなこなどの加工食品の原料となっています。中でも、細菌から見つけてきた除草剤を分解する酵素の遺伝子が導入されたダイズには、自然のダイズに比べて、強い除草剤を使

っても大丈夫になり、除草の手間を省くことができました。また、細菌の持つ殺虫性の酵素の遺伝子をトウモロコシに導入して、殺虫性の強い遺伝子組み換えトウモロコシも作られています。このトウモロコシを食べた害虫は腸が破れて死んでしまうので、農薬なしでも害虫の被害を抑えることができます。

このように商業的にはメリットがある遺伝子組換え作物ですが、安全性についてはまだ議論が続いているというのが正直なところです。もちろん遺伝子組換え作物の「安全性」については承認されているので、これらの作物を口にして、即座に健康被害が出ることはないでしょう。しかし、長年の間、除草剤に強い酵素あるいは殺虫性の物質が、生体に蓄積していったときの影響についてはまだ結論が出ていないのが現状です。

また生態系からみれば、遺伝子組換え作物はいわば外来生物にあたります。いったん生態系に放たれた遺伝子組換え作物に、万が一問題が見つかっても、そのときは生態系から回収するのはほぼ不可能と思われます。そうはいっても、私たちはほぼ毎日、遺伝子組換え作物を口にしているといえるほど、すでに日常生活に深く入り込んでいるのです。長い目でみた遺伝子組換え作物の「安全性」について、議論を重ねる必要はあるでしょう。

3. クローン動物はどのように作られるの？

　クローン人間の誕生を扱ったSF映画は、ひと昔前までは、フィクションとされていました。しかし、1997年のクローン羊ドリーの誕生は、今まで不可能とされてきた高等なほ乳類のクローン動物のさきがけで、それ以来、クローン人間の誕生もただの夢物語ではなくなりました。

　クローンとは、遺伝的にまったく等しい個体をさします。一卵性双生児は、自然に生じるクローン生物です。受精卵が何かの拍子に2つに分かれて、2人のヒトとして誕生するのが、双生児なので、双生児の持つ遺伝情報はまったく同一です。二卵性の場合、受精卵2つから出発するので、クローンではありません。

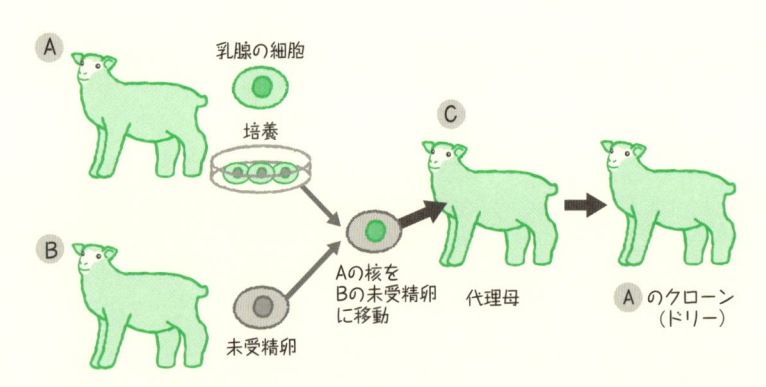

　クローン羊は次のようにして作られます。まず羊Aの体細胞で

ある乳腺の細胞を培養し、羊Bの未受精卵から核を除いて、そこへ羊Aの乳腺細胞の核を移植します。さらに、これをまた別の羊Cの子宮内で育ててもらい出産させるのです。Cは代理母ということになります。乳腺細胞から核を取ったので、グラマーなドリー・バートンというアメリカの歌手にちなんで、ドリーと名付けられたというので洒落ています。生まれてきたドリーは、羊Aの乳腺細胞の核を持った未受精卵から細胞分裂を開始したので、ドリーと羊Aはまったく同一の遺伝情報を持っていることになります。クローン羊以外にも現在では、ヤギ、ブタ、マウス、ネコなどのクローン動物が作られています。日本は世界初のクローン牛を誕生させました。

　クローン動物誕生の成功率も極端に低く、また寿命も短いといわれていますが、その原因として、クローン動物を作るときに使う体細胞の核は、すでに何回も何回も細胞分裂を経験しているので、核に記された設計図の概要は同じでも細部に損傷があるためではないかと考えられています。

　同じ方法を用いれば、クローン人間の誕生も不可能ではありません。亡くなったヒトのクローンや、自分のクローンなど、ヒトの都合でヒトを誕生させることが原理的には可能です。しかし、生命の尊重という倫理観を根底から覆すことになりかねず、世界的にはヒトクローンを誕生させることは禁止され、国連でもヒトに対してクローン技術を使わないよう宣言しています。

4. 再生医療の道を拓く万能細胞

　病気やけがで失われた組織を再生することは、私たち人類の夢です。たとえば、交通事故で脊髄を損傷したら、新しい脊髄を、また重い心臓病を患ったときには、新しい心臓を、という再生医療の時代がくるのでしょうか？　そのカギを握っているのが万能細胞です。

　万能細胞の1つ、ES細胞（胚性幹細胞）とは、受精卵が分裂を繰り返して胚になる時期に、一部の細胞を胚の内部から取り出して細胞として培養できるようにされたものです。通常の受精卵であれば、分裂後さまざまな細胞に分化をし、いずれ個体となります。ES細胞は、ただ培養しているだけでは細胞分裂を繰り返し増殖をするだけです。しかし、ある条件を加えると特定の細胞へと分化を始めることができます。つまり、受精卵と一緒で、いかなる細胞へも分化が可能ということで、「万能な」細胞と呼ばれます。ES細胞は、条件さえ整えば、脊髄にも、また、心臓にも分化できる可能性があるということです。

　しかし、ES細胞の作製には受精卵が必要です。受精卵は、そのまま発生を続ければ、一個体となり得たことを考えると、生命の犠牲なしでは、ES細胞の作製はありえません。それゆえ、ES細胞研究の前には、倫理的な問題が常に立ちはだかってきたのも事実です。

2007年に、日本は世界に先駆けて、iPS細胞（人工多能性幹細胞）の作製に成功しました。これにより、受精卵を用いることなく、体細胞に遺伝子操作を加えることで、万能性を持つ細胞を作る道が拓けたのです。つまり、ES細胞では、受精卵を使わなければならなかったという倫理的な問題が解決されることになりました。

そればかりか、患者本人の体細胞、たとえば皮膚の細胞を使って幹細胞を作れば、そこから分化した脊髄や心臓は、患者本人由来の臓器ということになり、移植の際の拒絶の問題が一気に解消されるのです。

このように、iPS細胞ができたことは、再生医療界のブレークスルーでした。今この瞬間にも、iPS細胞研究に世界中の研究者がしのぎを削っています。iPS細胞を旗印とした再生医療研究には、国家をあげてのプロジェクトとして日本でも大きな力が注がれています。

ヒトiPS細胞作製の流れ

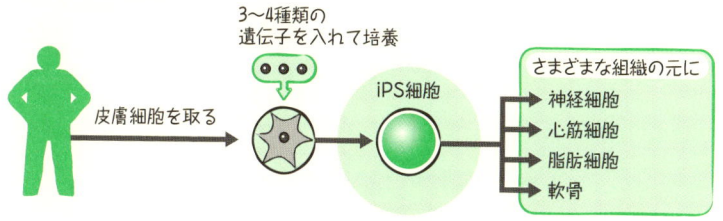

皮膚細胞を取る → 3〜4種類の遺伝子を入れて培養 → iPS細胞 → さまざまな組織の元に
- 神経細胞
- 心筋細胞
- 脂肪細胞
- 軟骨

5. 遺伝子治療でガンやエイズは治せるの？

あるべき遺伝子が先天的に欠如していたり、あるいは遺伝子の変異が引き金となって、発症する病気があります。そのような遺伝子の異常が原因で起こる病気を、なんとかして正常な遺伝子を補うことで治そうという試みが**遺伝子治療**です。遺伝子治療とは、家畜や農作物の遺伝子操作と同じように、ヒトの遺伝子を操作することが始まっています。

世界で初めての遺伝子治療は、1990年のADA（アデノシンデアミナーゼ）欠損症に対して施された治療でした。ADA欠損症とは、アデノシンデアミナーゼという酵素の遺伝子が生まれつき正常ではなく、体を外敵から守る免疫システムが機能しない難病で、ふつうの風邪でさえ命にかかわる症状を起こしてしまう病気です。アデノシンデアミナーゼの正常な遺伝子を体内に組み込んで、欠如している遺伝子機能を回復させようというのが、ADA欠損症の遺伝子治療ということになります。

この遺伝子治療が実施されて以来、世界中で、1万人を超える患者さんが、さまざまな難病に対する遺伝子治療を受けています。いくつかの治療は有効ではないかとの期待があるものの、残念なことに、そのほとんどは、はっきりした治療効果が認められていないのが現状です。

遺伝子を特定の位置に正確に組み込むことは至難の技で、場

合によっては、良かれと思って導入した遺伝子が、正常に働いていた他の遺伝子を壊す形で入り込んでしまい、不都合を起こすことがあります。つまり、遺伝子治療の成功のカギを握っているのは、ベクターと呼ばれる遺伝子の運び屋です。いかに正確な位置に十分な量の遺伝子を運ぶことができるのか、十分な運搬能力と安全性を兼ね備えた運び屋の改良が必要です。

　遺伝子治療によって、先天性遺伝病が完治する可能性があります。遺伝子治療が、現在治療法のない、エイズ、ガン、難治性疾患など、さまざまな病気の治療法となるのではと、大いに期待されてはいますが、現在のところ、遺伝子治療は、実用化に向けて、研究開発が慎重に進められている段階です。

6. 遺伝子診断で病気は予防できるの？

　近年、病気の診断に遺伝子を用いる**遺伝子診断**が急速に普及してきています。現在、大流行の兆しをみせる新型インフルエンザの発症が日本国内で初めて確認された際には、新型か否かの判定は、最終的にはウイルスの遺伝子に基づいてなされていたのは記憶に新しいところです。また高齢出産など、異常が発生する確率が高いと心配される妊娠さんは、出生前診断として、羊水を調べて、胎児の染色体異常、あるいは遺伝病などについて、診断を希望できることをご存じの方が多いと思います。

　さらに現在、遺伝子診断は、新しい時代を迎えようとしています。ヒトはみな、同じゲノムの大枠を持っているので、そのゲノムの大枠こそが、大腸菌でもなく、サルでもなく、ヒトたらしめることは先にお話しした通りです。しかし、ヒトゲノム解読以来、ヒト1人1人を比べてみると、実のところ、違っている部分もずいぶん多いことがわかってきました。この違っている部分こそが、いわゆる個人差にあたります。個人のゲノムを調べて病気への関連性を診断したり、予見するというレベルでの遺伝子診断が可能になりつつあるのです。

　たとえば、お酒に強い人、弱い人がいるように、同じ薬であっても効果のある人とない人、あるいは、副作用が強く出る人、出ない人がいます。これらもすべてゲノムの個人差による

ものです。既成服より、自分にあった着心地のよい服をテーラーメードするように、遺伝子診断に基づく各人のゲノム情報に合わせて、より適切な薬を処方する「テーラーメイド医療」が可能になるといわれています。

病気に対する治療法は、これまで対処療法が主流でした。それに対して、遺伝子診断は予防療法ということになります。ゲノム上には、将来的な病気のなりやすさ、リスクに関する情報も記されているわけですから、早期発見に努めることに役立ちます。

反面、遺伝子診断は多くの問題を含んでいます。現在健康であるのに、将来特定の病気になる可能性が高いと診断されたとしましょう。可能性が高くても必ず発症するとは限りません。遺伝性疾患の場合には、血縁者にも直接かかわる問題になります。また将来の診断を下されたことにより、現在まだ病気でないにもかかわらず、生命保険や雇用などにおいて、差別を受けかねません。

すでに、私たちは、遺伝子から得られる情報とどう向き合っていくか、真剣に考えなければならない時代に突入しているのです。

コラム

DNA鑑定の精度はどのくらい？

　犯罪捜査での犯人の特定や親子の識別など、DNA鑑定はすでに日常生活にも浸透しています。では、DNAの配列からどのようにして個人を特定できるのでしょうか？

　ヒトであるなら、遺伝子配列の大枠、つまり実際に遺伝子として働いている部分は共通です。しかし驚いたことに、この実際に働いている部分は、ヒトゲノムの5％で、残りの95％は遺伝子として働いていない遊びの領域です。この遊びの領域には、ある決まった遺伝子の並びが何度も繰り返されています。その並びが、遊びの中のどこで、何回繰り返されているか、繰り返しの配列の位置や回数が個人によって違うために、その情報から個人を特定することができるのです。

　ヒトゲノムの情報量は膨大なので、個人を特定する目的で、ゲノムを端から端までを解読することは現実的ではありません。しかし、ゲノムの一部から取り出した情報をもとに個人を特定している以上、違う個人同士の情報が偶然に一致してしまう可能性も捨てきれないのは事実です。その偶然が、足利事件のような冤罪の悲劇を招きました。技術の進歩はめざましく、現在の鑑定の精度は、偶然の一致の確率が4兆7億人に1人ともいわれるほどに高まったといわれています。とはいえ、科学を過信しない慎重な姿勢が大切であることは言うまでもありません。

おわりに

　読者のみなさんに、少しでも生物学を身近に感じていただけるよう、日常よく耳にするような旬な話題を取り上げることを心がけました。本文でも触れたように、生物学の分野にまつわるさまざまな問題、たとえば、脳死、遺伝子組換え技術、DNA鑑定、地球環境問題など、社会全体として議論を重ねていかなければならない問題が山積しています。本書が、私たちの生命と環境、そして未来にかかわるそうした問題を考えていただくきっかけになればと願っています。

　最後に、執筆期間中、協力を惜しまなかった家族に、特に私の両親に、心から感謝の意を捧げます。

2009年暮
広沢—髙森瑞子

広沢—髙森瑞子（ひろさわ—たかもり　みつこ）
1967年横浜生まれ。96年、東京大学大学院農学生命科学研究科応用動物科学専攻博士課程修了。アメリカ、ドイツでの研究生活を経て、現在、東京大学大学院農学生命科学研究科応用動物科学専攻細胞生化学研究室に特任助教として在籍。専門は分子生物学、生化学分野。

[おとなの楽習]刊行に際して

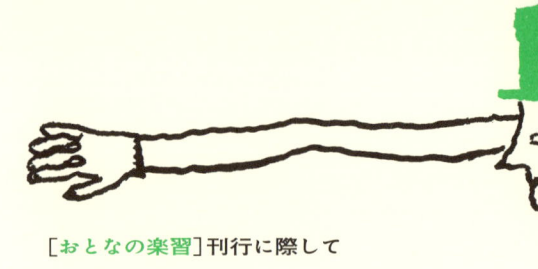

[現代用語の基礎知識]は1948年の創刊以来、一貫して"基礎知識"という課題に取り組んで来ました。時代がいかに目まぐるしくうつろいやすいものだとしても、しっかりと地に根を下ろしたベーシックな知識こそが私たちの身を必ず支えてくれるでしょう。創刊60周年を迎え、これまでご支持いただいた読者の皆様への感謝とともに、新シリーズ[おとなの楽習]をここに創刊いたします。

2008年　陽春
現代用語の基礎知識編集部

おとなの楽習 11
理科のおさらい　生物

2010年2月10日第1刷発行

著者　　　広沢-髙森瑞子＋涌井良幸
　　　　　（ひろさわ　たかもりみつこ　わくいよしゆき）
　　　　　©MITSUKO HIROSAWA TAKAMORI　WAKUI YOSHIYUKI
　　　　　PRINTED IN JAPAN 2009
　　　　　本書の無断複写複製転載は禁じられています。

編者　　　現代用語の基礎知識
発行者　　横井秀明
発行所　　株式会社自由国民社
　　　　　東京都豊島区高田3-10-11
　　　　　〒　171-0033
　　　　　TEL 03-6233-0781（営業部）
　　　　　　　 03-6233-0788（編集部）
　　　　　FAX 03-6233-0791

装幀　　　三木俊一＋芝　晶子（文京図案室）
本文DTP　 小塚久美子
編集協力　竹中龍太
印刷　　　大日本印刷株式会社
製本　　　新風製本株式会社

定価はカバーに表示。落丁本・乱丁本はお取替えいたします。

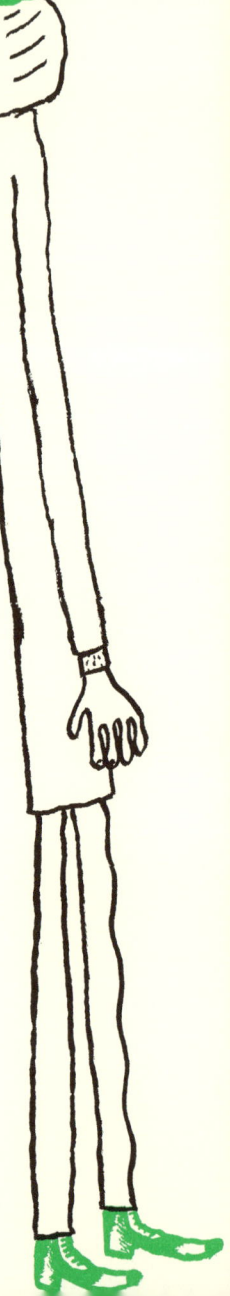